黄河三角洲石油污染盐碱土壤生物修复的理论与实践

王 君 著

中国矿业大学出版社

内容提要

本书介绍了黄河三角洲地区土壤石油污染现状及污染来源，阐明了农田、草场、荒地、油井等不同土地利用方式下石油污染的特征，客观评价了不同土地利用方式下石油污染的等级，重点介绍黄河三角洲土壤生态系统石油污染的生物修复技术研究，以及在黄河三角洲土壤污染较为典型地区开展的现场试验，为土壤污染修复技术的研究提供了理论指导。

图书在版编目(CIP)数据

黄河三角洲石油污染盐碱土壤生物修复的理论与实践／王君著. 一徐州：中国矿业大学出版社，2018.6

ISBN 978-7-5646-3955-6

Ⅰ.①黄… Ⅱ.①王… Ⅲ.①黄河—三角洲—石油污染—污染土壤—生态恢复—研究 Ⅳ.①X530.5

中国版本图书馆 CIP 数据核字(2018)第086866号

书　　名 黄河三角洲石油污染盐碱土壤生物修复的理论与实践
著　　者 王　君
责任编辑 夏　然　章　毅
出版发行 中国矿业大学出版社有限责任公司
（江苏省徐州市解放南路　邮编 221008）
营销热线 (0516)83885307　83884995
出版服务 (0516)83885767　83884920
网　　址 http://www.cumtp.com　**E-mail**:cumtpvip@cumtp.com
印　　刷 江苏凤凰数码印务有限公司
开　　本 787×960　1/16　**印张** 7.5　**字数** 142千字
版次印次 2018年6月第1版　2018年6月第1次印刷
定　　价 26.00元

前　言

盐碱地(土)是盐化土、碱化土和盐碱土的总称,是世界性的低产土壤,有些甚至是不毛之地。土壤盐碱化是全世界关注的问题,据估计,全球的盐碱土以每年100万～150万hm^2的速度增长。中国地域广大,气候多样,土壤盐碱化程度尤为严重,盐碱土的分布几乎遍及全国。黄河三角洲位于渤海西岸、渤海湾和莱洲湾湾口,是我国三大河口三角洲之一。由于黄河携带大量泥沙入海,被海水浸渍成为盐渍淤土,不断沉积,日积月累海退成陆,经蒸发作用使盐分聚集地表。同时,潮水入侵补给地下水,参与土壤成盐过程,形成了典型的滨海盐碱地。其中,盐渍化土地面积44.29 hm^2,占全区总面积的一半以上,而重度盐渍化土壤和盐碱光板地面积为23.63 hm^2,约占区内土地面积的28.4%。盐碱地土壤含有大量盐类、氯化物、硫酸盐以及其他可溶性的盐类,营养物质较少,且严重碱化,部分地区土壤pH值可达10以上,不利于植物生长,被视为"生命的禁区"。我国第二大油田——胜利油田位于该地区,在石油开采、储运、加工等过程中,大量石油进入土壤,形成了盐渍化石油污染土壤。同时,大量含盐钻井废液进入土壤,也造成了井场周围石油污染土壤盐渍化。

石油污染物在土壤中,破坏土壤结构,影响土壤的通透性,改变土壤有机质的组成和结构,引起土壤微生物群落数量和结构的变化。石油污染物中的极性基团还能与土壤中腐殖质等有机物质及氮、磷等营养元素相结合,限制硝化、反硝化和磷酸化作用,从而使土壤中可供微生物和植物利用的有机质、氮和磷含量降低,严重影响土壤的肥力。此外,石油中的大多数组分对土壤中的动植物有很大的毒害作用。石油中的一些烃类物质对人类具有致癌、致畸、致突变作用,由于难以自然降解,容易在土壤中累积,并通过食物链放大,严重危害人类健康。因此,土壤的石油污染治理是目前迫切需要解决的重要问题。石油污染土壤的治理方法主要有物理、化学和生物修复方法。物理方法修复费用高,化学方法容易破坏土壤结构,造成土壤的二次污染。生物修复由于不破坏植物生长所需的土壤环境,具有处理费用低、环境友好、无二次污染等优点,被视为最有应用前景的污染土壤修复技术。生物修复虽有诸多优点,但在实际石油污染土壤修复中也有其局限性。由于石油产地、油层不同，原油组成成分不同，在某一地区石油污染土壤生物修复的成功经验不一定适合另一地区。高浓度的石油污染物对微生物有毒，能造成土壤微生物的数量下降，另外，石油中的多环芳香烃、沥青质和胶质等高分子量物质很难降解，降解速度也非常缓慢，生物修复需要的时间较长。生物修复受环境因素影响较大，修复效率不稳定。因此，寻找高效、稳定的适合本地区修复石油污染土壤的生物是目前石油污染环境修复领域的一个突出热点。关于盐渍化石油污染土壤的生物修复国内外研究成果较少，有必要深入开展相关方面的理论和实践研究工作，为建立经济、高效的盐渍化石油污染土壤修复实用技术提供理论依据。

滨州学院是滨州唯一一所本科院校，科研工作者多年来致力于盐碱地改良、土壤污染治理的研究，近几年承担了与该研究相关的国家自然科学基金、山东省自然科学基金、山东省科技发展计划项目等，开展了盐碱地石油污染土壤治理的工作，并进行了现场试验。本书编写组在以上项目基础上，补充查阅了大量文献资料，形成了书稿。

本书介绍了黄河三角洲地区土壤石油污染现状及污染来源，阐明了农田、草场、荒地、油井等不同土地利用方式下石油污染特征，客观评价了不同土地利用方式下石油污染等级，重点介绍黄河三角洲土壤生态系统石油污染的生物修复技术研究，以及在黄河三角洲土壤污染较为典型地区开展的现场试验，为土壤污染修复技术的研究提供了理论指导。

受水平所限，书中难免存在不足或错误之处，敬请广大读者批评指正。

王　君

2017 年 11 月

目　录

第一章　黄河三角洲概况

第一节　黄河三角洲自然地理概况

黄河三角洲(Yellow River Delta)简称黄三角,位于渤海湾南岸和莱州湾西岸,主要位于山东省东营市和滨州市,是由古代、近代和现代三个三角洲组成的联合体。滔滔黄河,奔腾东流,挟带着黄土高原的大量泥沙,在山东省垦利县注入渤海。在入海的地方,由于海水顶托,流速缓慢,大量泥沙在此落淤,填海造陆,形成黄河三角洲。

国务院2009年11月13日,以国函〔2009〕138号批复印发了《黄河三角洲高效生态经济区发展规划》。规划明确界定了黄河三角洲的地理坐标为东经116°59′～120°18′,北纬36°25′～38°16′,包括山东东营、滨州两市的全部以及与其毗邻的自然环境条件相似的德州(乐陵、庆云)、淄博(高青)、潍坊(寿光、寒亭、昌邑)、烟台(莱州)的部分地区,共涉及6个市的19个县(市、区),辖292个乡镇,总面积2.65万km^2,占山东省总面积的1/6,相当于10个天津滨海新区面积的总和(见图1-1)。

黄河三角洲地处我国暖温带地区,气候温和,雨量适中,特别是夏季多雨,水热同期,对植物的繁衍十分有利,也宜于多种动物和微生物的生长。黄河三角洲是华北大平原的组成部分,与周围没有天然屏障阻隔,有利于其他地区生物的侵入定居。加以气候上是处于温带和亚热带之间的过渡带,所以许多南北方的生物多在这里交汇。由于这些原因,增加了本地区生物区系组成上的复杂性。

黄河三角洲属山东省北部的鲁北平原地带,主要由古代黄河三角洲、近代黄河三角洲、现代黄河三角洲、潍北沿海平原及莱州东部和滨州南部的部分山前洪积平原与低山丘陵组成。

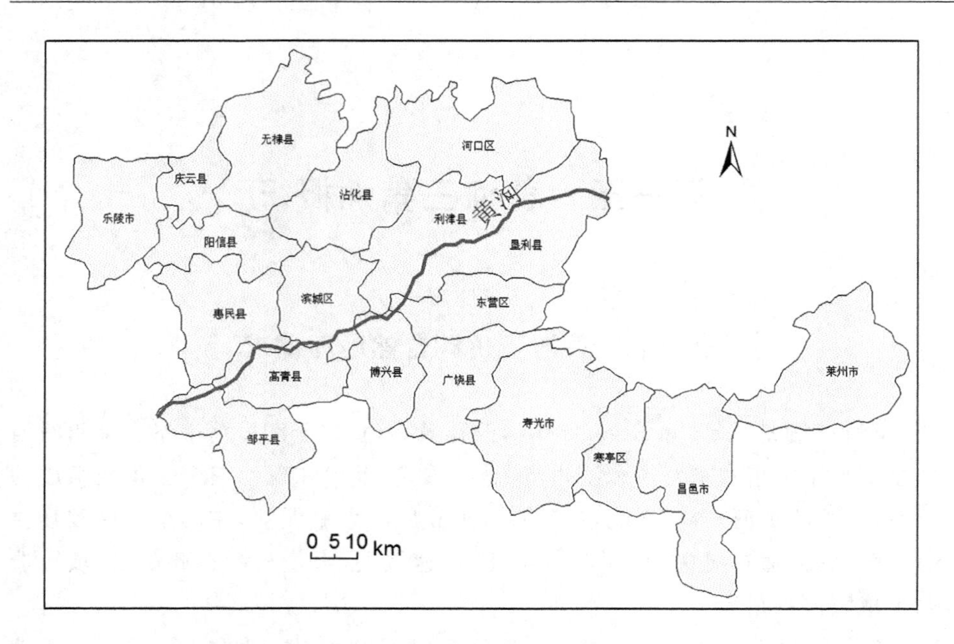

图 1-1　黄河三角洲行政区划示意图

一、地形地貌

黄河三角洲属华北平原，两面濒海，黄河穿境而过。总的地势为西南高、东北低，地形以黄河为轴线，近河高，远河低，总体呈扇状由西南向东北微倾，地势低平，地面坡降在 1/2 000～1/8 000 间。由于黄河具有少水、高沙、善淤、善徙等特点，其带来的大量泥沙是塑造黄河三角洲的物源。

黄河自 1855 年铜瓦厢决口改道北流以来，一直在渤海沿岸摆动，间阁河段始终处于淤积延伸—摆动改道的周期性变化之中，且以惊人的速度向海推进，仅 130 多年就造陆 2 000 多 km^2，同时废弃入海口处的陆地又发生着快速的蚀退作用，并形成以海洋作用影响为主的海积平原。

该区地貌的成因影响着生态地质环境，而地貌形态的不同又使得不同区段显示出不同的特点。因此，区内基本可分为三种地貌景观：山前冲洪积平原、古黄河三角洲平原和现代黄河三角洲平原。

山前冲洪积平原分布于小清河以南的广饶县境内，由淄河携带大量物质堆积形成，是以冲洪积为主形成的微倾斜平原，倾向北北东，受淄河主流带展布制约，地面微有起伏。区内地表岩性以粉质黏土为主，排水通畅，地下水埋深较大，已形成人工开采漏斗。

古黄河三角洲平原分布于三角洲的中西部，微向北东倾斜，主要地貌形态类型为决口扇、缓平坡地、扇间洼地等。地表岩性以粉土为主，其次在决口扇顶部及黄河泛流主流带有粉砂分布，洼地内以黏性土为主。

现代黄河三角洲平原分布于三角区的北部和东北部，是黄河自1855年改道以来，与海洋动力共同作用形成的，以垦利县宁海为顶点，呈扇状向北、向东展布，微向北东倾斜，地面坡降1/10 000左右。

该区内黄河泛流主流带与河间洼地相间分布，另外尚有黄河古河道、废弃河槽洼地、缓平坡地等微地貌形态，在近海地带则以低平地和滨海低地为主，地表岩性受此处的微地貌单元控制，岩性从粉砂-黏土均有分布，但以粉土分布最广。

人类活动（黄河改道、修建黄河大堤、垦殖、城建、修建高速公路和海堤、石油开采等）在剧烈地改变着该区的微地貌形态，但其基本框架仍清晰可辨（图1-2）。

二、气象水文

黄河三角洲地处中纬度，位于暖温带，背陆面海，受欧亚大陆和太平洋的共同影响，属于暖温带季风型大陆性气候。基本气候特征是冬寒夏热，四季分明。春季干旱多风，早春冷暖无常，常有倒春寒出现，晚春回暖迅速，常发生春旱；夏季炎热多雨，温高湿大，有时受台风侵袭；秋季气温下降，雨水骤减，天高气爽；冬季空气干冷，寒风频吹，雨雪稀少，多刮北风、西北风。

因地处平原，境内气候南北差异不很明显。全年平均气温11.7～12.6 ℃，极端最高气温41.9 ℃，年平均日照时数为2 590～2 830 h；无霜期211 d；年均降水量530～630 mm，70%分布在夏季；平均蒸散量为750～2 400 mm。降水年际变化大，年内降水分布不均，常有春旱、夏涝、晚秋又旱的特点，区内易发生干热风、雹灾、旱灾和风暴潮等灾害。区内历年平均地表水径流量为4.48亿m^3，多集中在夏季，水量大部分排入渤海，利用率很低。

黄河三角洲水文示意图如图1-3所示。

三、生物资源

我国北方的植物起源于北极第三纪植物区系，更确切地说是可能起源于安哥拉古陆的南缘。由于在冰川期没有受到大规模冰川的直接侵蚀，同时受中亚

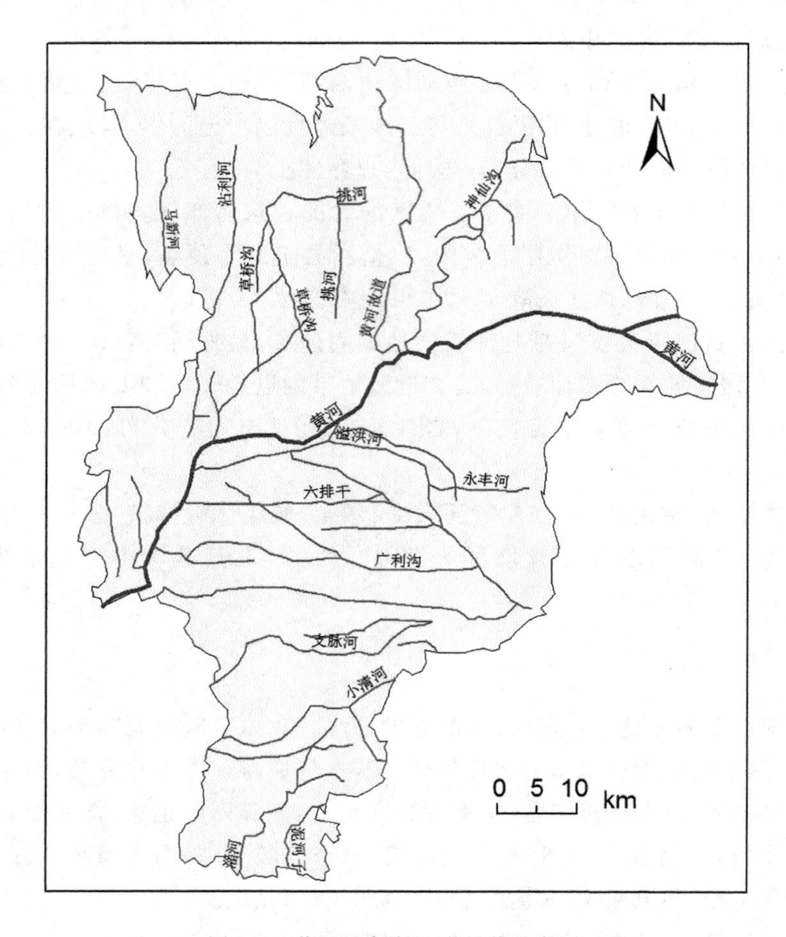

图 1-2　黄河三角洲地形地貌示意图

干燥化的影响也不太深，所以现存植物是第三纪植物区系的直接后代。这样，黄河三角洲的植物具有古老的特征，而且也丰富了它们的种类组成。植物作为生态系统中的生产者既然如此丰富多彩，那么依赖于植物而生活的消费者动物，以及作为分解者的微生物，也必然是多种多样的。

本区属温带季风气候，植被为原生性滨海湿地演替系列，生态系统类型独特，湿地生物资源丰富，区内有各种生物 1 917 种，其中，属国家重点保护的野生动植物 50 种，列入《濒危野生动植物种国际贸易公约》的种类有 47 种。

黄河三角洲属暖温带落叶阔叶林区。受气候、土壤含盐量、潜水水位与矿化度、地貌类型的制约以及人类活动影响，区域内木本植物很少，以草甸景观为

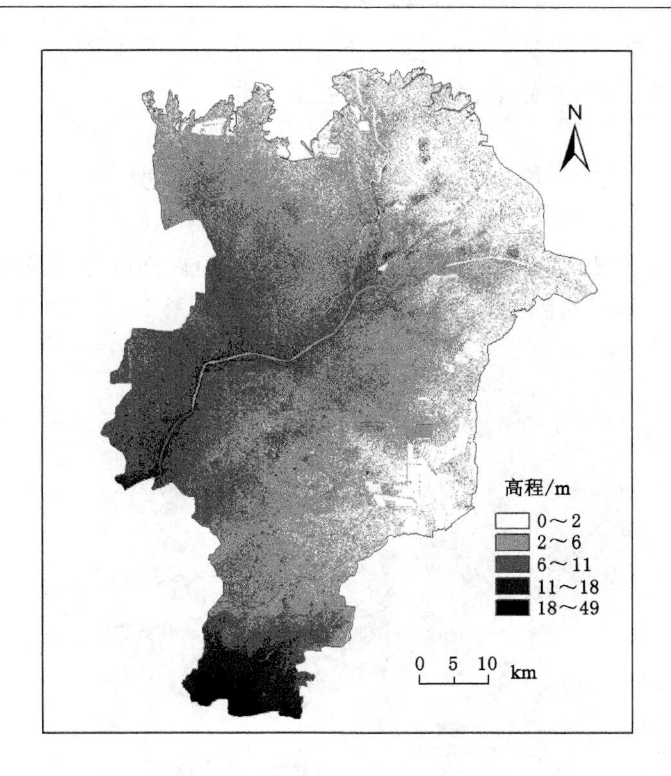

图 1-3　黄河三角洲水文示意图

主体。区内无地带性植被类型，且类型少、结构简单、组成单纯。在天然植被中，以滨海盐生植被为主，占天然植被的 56.5%，沼生和水生植被占天然植被的 21%，灌木柽柳等占天然植被的 21%，阔叶林仅占天然植被的 1.5%左右。人工植被中以农田植被为主，其中木本栽培植被仅占人工植被的 4.3%左右，农田植被占人工植被的 95.7%。植被中有植物种类 40 多个科、110 多个属、160 多个种。以禾本科、菊科草本植物最多。在草本植物中，以多年生根茎禾草为主，尤以各种盐生植物占显著地位。

黄河三角洲自然保护区是东北亚内陆和环西太平洋鸟类迁徙重要的“中转站”、越冬地和繁殖地。鸟类资源丰富，珍稀濒危鸟类众多。自然保护区内分布着各种野生动物达 1 524 种，其中，海洋性水生动物 418 种，属国家重点保护的有江豚、宽吻海豚、斑海豹、小须鲸、伪虎鲸 5 种；淡水鱼类 108 种，属国家重点保护的有达氏鲟、白鲟、松江鲈 3 种；鸟类 290 余种，属国家一级保护的有丹顶鹤、白头鹤、白鹤、金雕、大鸨、中华秋沙鸭、白尾海雕等 7 种；属国家二级保护的有灰鹤、大天鹅、鸳鸯等 33 种。世界上存量极少的稀有鸟类黑嘴鸥，在自然保护区内有较多分布，并做巢、产卵，繁衍生息于此。

第二节　黄河三角洲土壤概况

黄河三角洲土地总面积近 1.8 万 km^2，是我国东部亟待开发的年轻土地。其主要土壤质地示意图见图 1-4、土壤类型示意图见图 1-5。

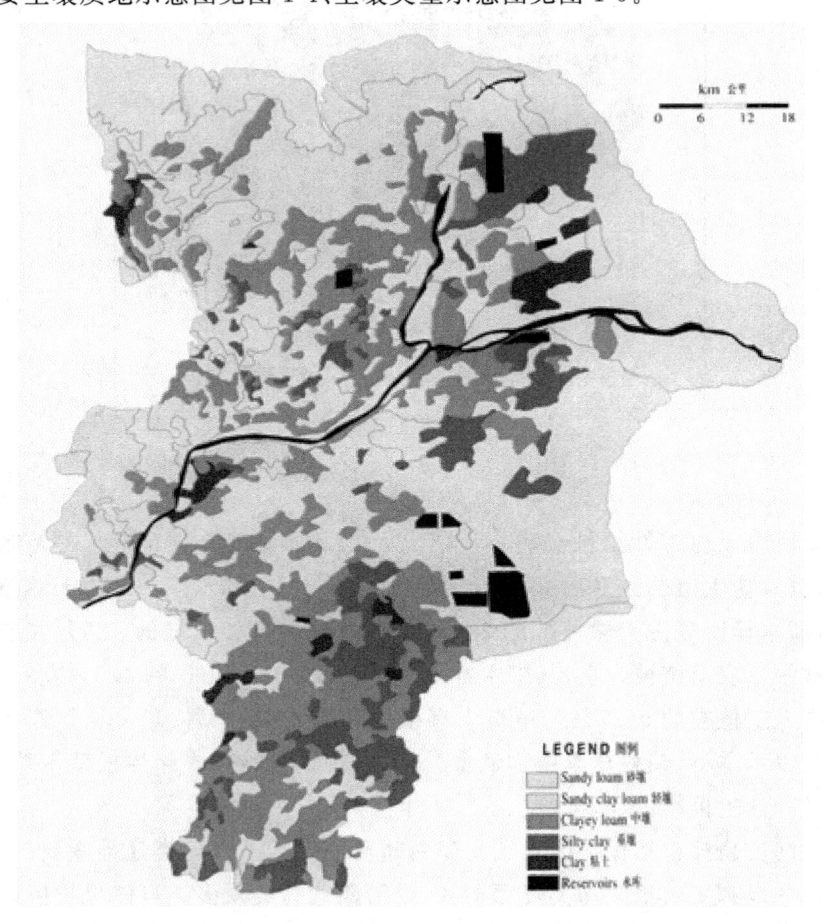

图 1-4　黄河三角洲主要土壤质地示意图

本区土壤质地主要为砂壤、轻壤，其次为中壤，而重壤与黏土类型土质较少，尤其是黏土质地土壤，只零星分布于各县区。砂壤主要分布于沿渤海地带

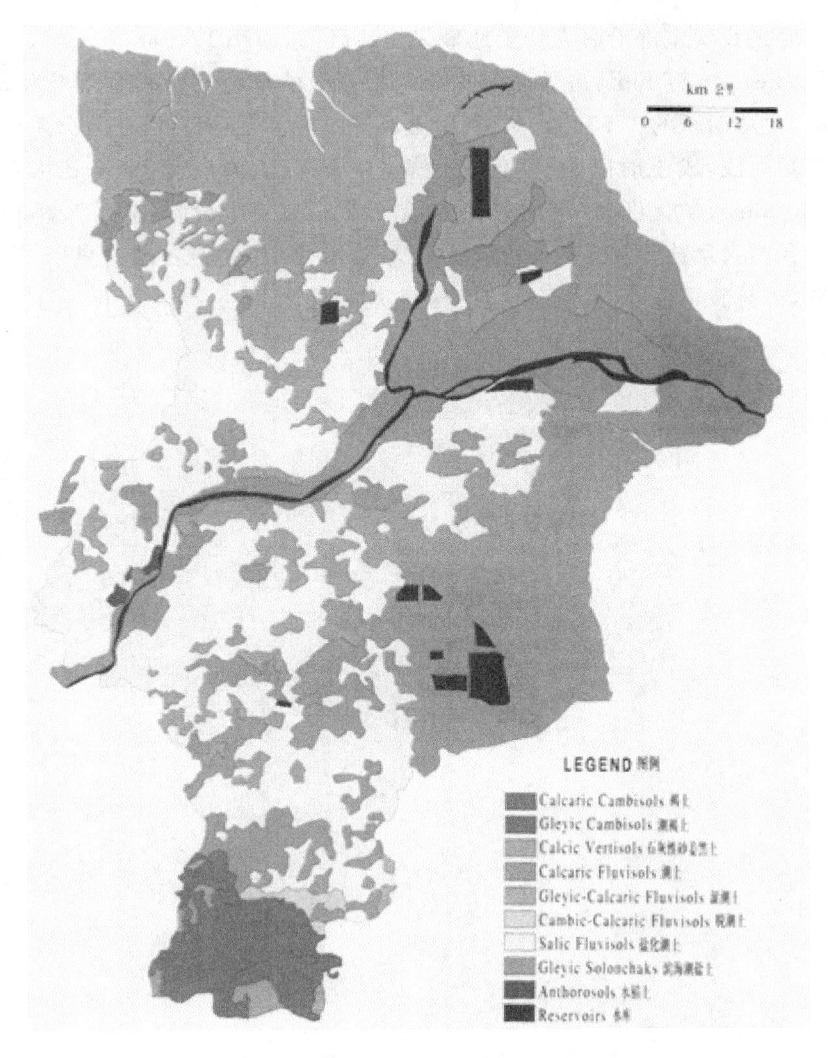

图 1-5 黄河三角洲主要土壤类型示意图

及黄河沿岸地区，轻壤分布也较广，中壤与重壤散布于区内各地。

从图 1-4 可以看出，黄河三角洲地区土壤类型较为多样化，且在空间分布上具有较高的异质性。总体来讲，该区土壤类型以滨海潮盐土和盐化潮土为主，总面积占到该区的 60％以上；其次为潮土和石灰性砂浆黑土，主要分布在沿黄一带；褐土、潮褐土等占一定面积，集中分布于本区南部。水稻土、脱潮土、湿潮土等所占比例很小，零散分布于有关县区。

该区是我国东部沿海人均土地最多的地区，总面积 174.68 万 hm^2，其中耕地面积为 67.46 万 hm^2，占总面积的 38.62%；天然草地及盐碱地面积为 30.65 万 hm^2，占总面积的 17.54%。可利用土地资源丰富，但因黄河三角洲系由黄河泥沙新塑而成，成土时间晚，草甸过程短，且海拔低、淤层薄，蒸降比大（1 000 mm/600 mm），矿化度高（平均约在 20 g/L 以上），毛细管作用强烈，海相盐土母质所含的大量盐分易升至地表导致土壤盐渍化，加上不合理的垦殖，因此相当脆弱，极易破坏原有的生态环境结构与功能。

第二章　石油污染盐碱土壤生物修复技术概况

第一节　石油污染盐碱土壤概况

一、土壤污染概况

土壤中的石油污染已成为一个世界范围普遍存在的环境问题，同时，在我国大部分采油区，石油污染土壤同时呈现盐碱化和板结化，导致石油污染物可生化降解性差和去除难度增大。生物修复技术具有成本低、高效、无二次污染等优点，而成为治理大面积土壤污染的最有潜力的技术之一；但由于石油污染盐碱土壤环境的复杂性，单一利用任何一种修复技术都很难在消除石油污染物的同时改良和修复土壤的盐碱环境。

石油类物质进入土壤导致土壤高度板结，氧气及营养物质传递困难，加之石油成分的毒性使得植物及微生物难以生存，严重影响农林业生产。微生物修复是利用微生物将有毒的有机物分解或降解成为低毒或无毒的物质，是修复石油污染的有效技术之一。微生物修复石油污染的方法目前已经得到较为广泛的应用，但是国内外针对石油污染土壤的生物修复研究大都忽略了油田土壤盐碱化的问题，已有研究表明，石油污染会对油田开采区土壤性质产生影响。由于油田区特殊的地理、气候和水环境条件，土壤 pH 值随开采年限的增加而逐年上升。同时由于钻井液的就地回灌，油田区土壤盐分逐年积累，表现为土壤逐年盐碱化，而微生物对环境的要求比较严格，高含量的盐碱会导致微生物活性降低，因而针对盐碱土壤的微生物修复研究还很少。

黄河断流影响了黄河三角洲湿地生态系统淡水水源的补给，破坏了湿地土壤中水盐平衡，使土壤含盐量上升，土壤盐碱化程度日益严重。另外，随着该地区石油的大规模勘探、开采、运输和石油加工，污染、井喷、输油管道泄漏等事故频发，造成土壤污染和植被破坏，严重威胁着黄河三角洲生态系统的安全。在土壤生态系统中，微生物作为物质循环和能量流动的主要参与者，起着不可忽视的作用。对黄河三角洲盐碱地区石油污染土壤中微生物多样性进行研究，无论对生态系统组成的完整理解，还是对解烃耐盐微生物资源的开发都具有特殊重要的意义。

二、石油污染盐碱化土壤的特性

石油进入土壤后，会引起土壤理化性质的改变，对土壤生态环境造成严重威胁，进一步威胁人类和生物的安全。例如，石油易使土壤颗粒粘连，影响土壤的通透性，降低有效氮、磷含量，减弱土壤肥力；植物根系被石油污染后，呼吸作用会受到影响，从而影响作物对水分和营养盐的吸收，最终导致植物死亡；原油中的多环芳烃等有害物质可通过生物蓄积作用在植物中富集，通过食物链影响人体健康；没有被土壤吸附的石油（NAPL，非水相液体）可渗入地下并污染地下水，增加污染范围，从而对人类生存环境的多个层面产生广泛影响。石油污染盐碱化土壤受到油盐混合污染，使其修复和治理成为当前研究的热点和难点。一方面，石油烃类污染物使土壤颗粒疏水，增加了水浸洗盐的难度，也抑制了土壤中水溶性营养物质的传递，对植物和微生物的生长不利；另一方面，当土壤盐度大于3%时，非耐盐微生物的代谢会受到抑制，降低甚至丧失其修复能力。因此，为了能够更经济、有效地修复石油污染土壤，需要联合多种技术，发挥各自优点，达到最佳的修复效果。

第二节　石油污染盐碱土壤修复技术概况

一、微生物修复

微生物修复技术是利用土壤中的土著菌或向污染土壤中接种选育的高效降解菌，在优化的环境条件下，加速石油污染物的降解，包括生物刺激（Biostimulation）和生物强化（Bioaugmentation）两种方法，土壤中最常见的石油降解细菌菌属有黄杆菌属（*Flavobacterium*）、无色杆菌属（*Achromobacter*）、假单胞菌属（*Pseudomonas*）、分枝杆菌属（*Mycobacterium*）、棒球杆菌属（*Corynebacterium*）、奈瑟氏球菌属等。在石油污染的盐碱地上进行生物修复，需要筛选抗盐碱性能强的微生物种类。许多科研工作者进行了耐盐菌株的筛选工作，并对污染土壤进行了现场修复试验。宁雯等人从黄河三角洲东营地区的油污土壤中获得了288株石油降解菌株，分析了单菌株和混合菌株对石油的降解情况，发现两者在原油浓度为 30 g/L 的时候降解效果都比较好，混 13 菌群的除油能力强，且性能稳定，经初步鉴定，获得的耐盐解烃菌属于芽孢杆菌属、假单胞菌属、微球菌属、奈瑟氏球菌属等。在修复试验中，选用了混 13 菌群，石油污染土壤经过 180 d 的处理后石油去除率达到 56.8%。王震宇等对黄河三角洲不同盐渍化程度的石油污染土壤样品进行富集驯化，得到 4 个石油烃降解菌系和 8 株具有解烃功能的单菌株，属于轻度嗜盐菌，对柴油和原油的最高降解率分别可达 78.4%和 70.7%。崔爱玲从胜利油田盐碱区土壤中富集分离到一高效石油烃降解菌系，该混合菌系有很好的耐盐性，盐度在 3%～3.5%之间，对石油烃有 69.8%～90.1%的降解率，在修复试验中发现，混合菌系 B4 对原油的降解率可达到 85.6%。陈立对陕北某油井旁的石油污染黄土土壤进行富集驯化，得到土著石油降解菌群和优势菌株。朱小燕采集大港油田盐碱土壤，用低盐和高盐两种 LB 培养基，富集驯化后得到两种混合菌群。经鉴定为芽孢杆菌属，苏云金芽孢杆菌，地衣芽孢杆菌，α-变形菌纲。吴涛对黄河三角洲不同重盐碱地区油污土壤进行富集培养，得到 3 种石油降解菌群和 54 株石油降解菌株。用不同含盐量的油污土壤进行复筛，得到 1 株具有一定耐盐性，降解率达到 40%的菌株。鉴定该菌株为恶臭假单胞菌。

目前，盐碱地石油污染微生物修复技术的研究大多停留在实验室阶段，取得了一定的研究成果；野外试验由于面临较为恶劣的环境条件，研究相对较少。土壤盐碱化和石油污染会对石油烃降解菌产生双重毒害作用，降低土壤盐碱含量和提高石油烃的生物可利用性是增强微生物修复效果的根本途径，而营养物质（如有机肥、污泥等）的施加则有力地促进了降解菌的生长繁殖。在国内，齐建超等采用含有 4 种石油烃降解菌的菌剂与多种有机肥联合修复石油污染土壤，结果表明，有机肥和菌剂（4%处理）的加入使土壤盐碱环境得到明显改善，石油烃降解率可达到 73%，对难降解的苯并(a)芘和苯并(g,h,i)芘亦有良好的修复效果。刘其友等应用复合菌株 CM-13 对东营地区的盐渍化石油污染土壤进行强化修复，并对修复技术条件进行优化。在国外，Betancur-Galvis 等采用污泥刺激土壤微生物，加速了盐碱土壤中多环芳烃的降解。Fernandez-Luqueno 等进一步证实了施加污泥对盐碱土壤中多环芳烃降解的促进效果。但盐碱化土壤含盐量高，土壤肥力低，仍抑制了土著微生物的降解活性。针对盐分对土壤微生物的胁迫作用，Rhyker 等研究表明，在有无机氮、磷及 NaCl 含量降低（0.4%，1.2%，2%，w/w）的情况下，土壤肥沃化，促进了石油的矿化。王新新等采用淋洗施肥法修复石油污染盐碱土壤，淋洗施肥处理明显提高了石油烃降解菌的数量和土壤微生物活性，促进了土壤中油和脂的降解。郭婷等使用浇水漫灌方式压盐后，利用生物刺激(BS)、生物刺激＋生物强化(BS＋BA)2 种方案修复石油污染盐碱土壤，结果发现土壤改良剂及营养盐的加入使土壤盐碱环境得到明显改善，提高了石油烃的生物可利用性。对比 2 组小试系统，BS＋BA 处理修复效果更加显著。总石油烃和多环芳烃降解率分别达到 50.8%和69.2%，显著高于未添加菌剂的处理，其降解率分别为 40.5%和 61.2%。利用耐盐微生物降解盐渍化土壤中的石油污染物，修复效果往往不稳定，微生物群落之间的竞争，外界条件包括温度、湿度、pH、土壤性质、营养物质等因素都会对修复效果产生影响。近年来，相关研究逐渐认识到高效降解菌剂在污染土壤中普遍面临传代时间短、竞争力弱等问题，治理效果难以长时间维持。盐渍化土壤中土著微生物具有独特的耐盐机制，能够适应高盐环境，可能对修复盐渍化土壤的石油污染具有较高潜力，因而从污染土壤中筛选土著微生物逐渐成为研究热点。王震宇等从黄河三角洲盐渍化地区筛选得到土著石油烃降解菌，该降解菌属轻度嗜盐菌，对原油、柴油、烷烃及多环芳烃均表现出较强的降解能力，显示出土著菌在盐渍化环境下较强的生物修复潜力。张竹圆等对辽河口湿地筛选所得高效石油降解菌进行了生物学特性及降解能力的研究，结果显示两株菌在低温、高盐条件下对石油烃仍具有良好的降解效果。郭若勤等采用了嗜盐菌强化石油污染土壤的生物修复，表明了嗜盐菌和土著菌的共同作用加强了土壤的高效生物修复效果。在国外，Nicholson 等从俄克拉荷马州石油区盐土中得到了以 *Marinobacter* 为主的嗜盐微生物菌群，研究表明，在高盐条件下，该菌群能以苯为唯一碳源和能源，经 4 周培养，约 46%的苯被完全转化为 CO_2，酵母粉的加入可进一步促进菌群的降解作用。Plotnikova 等从盐污染土壤中分离得到了能够将萘、菲和联苯作为唯一碳源和能源进行利用的多种菌株，这些菌株大部分属于耐盐菌种。石油污染土壤微生物修复的另一个关键技术是生物表面活性剂的应用。与化学表面活性剂相比，生物表面活性剂具有特异性强、高效、低毒、不污染环境以及生产成本低等优点。生物表面活性剂能显著降低表面张力，提高不溶性石油组分的生物可利用性，已被广泛应用于石油污染土壤修复实践中，显示了良好的应用前景。宋立超从天津大港油田滨海盐土中筛选出耐盐碱 PAHs 高效降解菌，室内模拟实验表明，降解菌 *Panroea* sp. TJB5、*Penieillium* sp. TJF1 和菌群 TJM 在固定化、添加表面活性剂等处理条件下对菲和芘污染的盐土修复效果明显。Hisashi Saeki 等通过培养戈登氏菌(*Gordonia* sp. strainJE-1058)制备了含生物表面活性剂的修复剂 JE-1058BS，JE1058BS

在海水和海滩等含盐条件下的石油污染修复中显示出极大的降解潜力。Ilori Batista、Costa 等研究了在极端环境条件(pH、温度和盐分)下生物表面活性剂对石油的降解效果,由于生物表面活性剂的增溶特性,各种极端环境下应用生物表面活性剂去除土壤中石油污染仍具有可能性。Chen 等人从渤海湾石油污染沉积土壤中分离到一株耐盐菌 CN-3,对 NaCl 的耐受率可达 85 g/L,耐受 pH 范围是 6~9,能够降解 C_{14}~C_{31} 的烷烃、多环芳烃和原油,能够用于石油污染的治理。

现阶段,针对盐碱地石油污染修复的实际和示范工程较少。石油污染盐碱化场地微生物修复试验常以筛选土著微生物制备液体或固体菌剂的方式进行。场地试验的首要任务是减少土壤中盐碱含量,其主要方法有:水浸洗盐、利用覆盖物和改良剂改良以及生物措施改良盐碱化土壤等。通过提高石油烃生物可利用性以增强修复效果的场地试验还未见报道。胥九兵等将土著石油烃降解菌与草炭混合制备固态微生物菌剂,采用挖沟排盐、淡水压盐、土壤翻耕、添加菌剂和营养盐等措施对胜利油田周围污染土壤进行了现场修复,经过 2 个月的修复实验,修复区的石油降解了 67.7%,效果显著。张坤在中原油田实施了 64002 场地修复试验,验证了添加麦秸对水浸洗盐的强化作用,在洗盐结束后施加由阴沟肠杆菌(*Enterobacter cloacae*)和刺孢小克银汉霉菌(*Cunninghamella echinulata*)组成的真菌-细菌复合液体菌剂,45 d 后试验地块中的总石油烃质量分数降至 0.3%以下,降解率最高达到 75%。韩慧龙等进一步研究发现,真菌一细菌复合菌剂对饱和烃、芳烃、沥青胶质及非烃化合物均具有较好的降解能力,通过种植小麦证实了修复石油烃污染耕地的可行性及良好的应用前景。卢桂兰等采用现场土耕法对草炭强化陈化油泥生物降解的研究表明,草炭能显著提高陈化油泥的生物修复效果。经过 26 个月的降解过程,陈化油泥中总石油烃(TPH)的降解率为 38.9%,其理化性质得到显著改善,盐碱浓度降低,有机质浓度增加,有效态营养元素浓度增加。张静等人采用电动-微生物技术联合处理添加石油的黄河三角洲地区盐碱土壤,经 80 d 的修复实验,石油降解率可达到 28%以上,电极附近降解作用更加明显,可达到 35%左右的降解率,微生物组和纯电动组的降解效率分别为 15%和 22%。该技术应用于石油污染盐碱土壤的修复,修复效果明显,经耗能分析,电动一微生物实验组在整个修复过程中单位质量土壤消耗 4.84 kW·h 电能,成本相对较低,管理运行方便,具有可行性。

二、植物-微生物联合修复

植物对有机污染土壤的生物修复作用主要表现在植物对有机污染物的直接吸收，植物释放的各种分泌物或酶类促进有机污染物生物降解以及强化根际微生物的矿化作用等方面。此外，植被也可以有效改善土壤条件、增强土壤透气性，从而提高降解效率。尽管植物修复措施已成功应用于石油污染土壤的修复实践，但由于油盐混合污染土壤对植物生长的抑制作用，限制了传统植物修复措施的开展。植物－微生物联合修复利用土壤、植物、微生物组成的复合体系来共同降解污染物，其发展和应用备受瞩目。一方面，植物为微生物的生存提供了氧气、营养物以及"共代谢"基质，另一方面微生物的降解作用减轻了污染物对植物的毒性，提高了植物的耐受性。菌根生物修复技术的发展为石油组分中难降解有机物的生物修复带来了希望。王新新等研究了石油污染盐碱土壤翅碱蓬根围的细菌多样性，并筛选得到耐盐石油烃降解菌，指出戈登氏菌属(*Gordonia*)、无色杆菌属(*Achromobacter*)、迪茨菌属(*Dietzia*)、芽孢杆菌属(*Bacillus*)和假单胞菌属(*Pseudomonas*)等耐盐石油烃降解菌可能参与该类土壤翅碱蓬植物修复过程中的石油烃降解。马传鑫从大港油田筛选微生物种群，并采用耐盐碱植物苜蓿作为供试植物，研究了微生物菌群、植物及植物-微生物菌群对不同含盐量土壤中石油污染物的修复效率，结果发现植物-微生物联合修复效果优于前者。Al-Mailem 等将阿拉伯湾高耐盐植物 Halonemumstrobilaceum 应用于石油修复，该植物生长状况良好，其根际微生物数量是没有植被地区的 14～38 倍。根际中常见的菌属为古细菌盐杆菌属(*Halobacterium*)、嗜盐球菌属(*Halococcus*)、短小芽孢杆菌属(*Brevibacillus*)、变形菌属(*Pseudoalteromonas*)和盐单胞菌属(*Halomonas*)，以上菌种均可以在 1～4 mol/L 的 NaCl 溶液中生长。Nie 等研究了黄河三角洲石油烃污染盐渍化土壤中根际效应对细菌丰度和多样性的影响，根际土壤中石油烃降解菌显著高于非根际土壤，根际细菌的存在降低盐渍化对植物根系的胁迫，从而使根系为微生物的生长提供良好的环境。植物-微生物联合修复的另一关键技术是农田生态措施的应用。施肥、翻耕、水分管理等强化措施可有效提高生物修复效果。张松林等进行了人为石油污染土壤紫花苜蓿田间修复试验，结果显示施肥有助于种植苜蓿组土壤石油污染物的去除。牛明芬等研究了微生物-植物联合对稠油污染土壤的修复效果，结果表明施用微生物菌剂、生物表面活性剂及氮肥可提高联合修复的效果，但在不同时期，影响效果不同。

目前,由于各种污染物引起的土壤污染问题相当严重。在我国现有的约 1×10^8 hm^2 耕地中,约 1/5 受到不同程度的污染,每年造成粮食减产达 2.5×10^9 kg,农业总损失每年达 1×10^{11} 元以上。同时,土壤污染引起作物中污染物含量超标,并通过食物链富集到人体和动物中,危害人畜健康,引发人类癌症和其他疾病等。另外,土壤受到污染后,污染物质浓度较高的污染表土容易在风力和水力作用下分别进入到大气和水体中,导致大气污染、地表水和地下水污染以及生态系统退化等其他次生生态环境问题。盐渍化石油污染土壤,生态系统脆弱,修复难度大,利用耐盐微生物来进行治理是一条有效途径。由于多年来人们将注意力集中在非盐渍化土壤石油污染问题的研究,对盐渍化土壤污染问题关注较少,相关的研究十分缺乏,具有高效石油修复能力的耐盐微生物及修复试验的报道较少,关于耐盐微生物修复石油污染土壤的机制也缺乏深入系统的了解。盐碱地石油污染土壤修复的理论亟待深入研究,为高效修复技术体系构建提供指导和依据。

第三章　黄河三角洲土壤石油污染现状与评价

黄河三角洲是我国东部沿海一带最重要的石油富集地区之一，又是我国北部沿海地带农业发展潜力最大的地段之一。三角洲上的胜利油田现已建设成为全国第二大石油工业基地。“十一五”期间，胜利油田的勘探面积扩大到 20×10^{4} km^{2}，油气资源总量达 145×10^{10} kg，自投入开发以来，已累计生产原油 9.62×10^{10} kg，约占同期全国原油产量的五分之一。黄河三角洲发展的最大优势在于石油，石油资源丰富是黄河三角洲开发的强大推动力。但是，在石油开采、集输、储运、炼制和新发现油田的井下作业等环节，有含油气(烃类气体)、液(含油废水)、固(污油、落地油)相废弃物产生，对土壤造成石油污染。石油类污染物进入土壤后，会破坏土壤结构，使得土壤质量下降，生态、生产功能降低，甚至丧失，进而导致人地矛盾更加突出。同时，石油组分复杂，持久性较强，其中有些成分还具有“三致”(致突变、致癌和致畸)作用，一旦经土壤进入农产品、地下水等环境介质中，会对生态环境、农产品安全和人体健康造成严重威胁。因此，明晰黄河三角洲土壤石油污染来源，摸清三角洲土壤石油污染现状，可为进一步保护和治理黄河三角洲石油污染土壤提供理论依据。

第一节　黄河三角洲土壤石油污染源

土壤的石油污染来源比较复杂，除在石油开采、集输、储运、炼制和新发现油田的井下作业等环节产生的含油气、含油废水、污油、落地油等直接进入土体，污染土壤外，水、大气等环境中的石油类污染物最终归宿也是土壤，也是土壤石油污染的一些主要来源。2007 年 1～3 月，课题组成员通过对黄河三角洲地区各市县实地调查和收集大量相关的文献资料基础上，分析了黄河三角洲土壤石油污染物的主要直接来源和间接来源(水、大气)。

一、土壤石油污染的直接来源

黄河三角洲地区的石油生产主要集中于东营凹陷、沾化凹陷、东镇凹陷和惠民凹陷等几个构造区，土壤的石油污染直接来源主要由钻井污染、采油污染及采油废水污染三部分构成，其主要污染物排放单位和排放量见表3-1。

表3-1　　土壤石油污染物排放单位及排放量统计表　　单位：$\times 10^8$ kg

序号	单位	落地原油	钻井岩屑	废弃泥浆	油泥
1	钻井一公司		2.00	2.34	
2	钻井二公司		3.65	4.27	
3	钻井三公司		2.43	2.85	
4	钻井四公司		3.30	3.86	
5	钻井五公司		3.51	4.11	
6	钻井六公司		1.78	2.08	
7	孤东采油厂	0.40		1.20	7.72
8	孤岛采油厂	4.30		0.51	2.01
9	桩西采油厂	7.22		0.50	0.27
10	河口采油厂	1.16		0.51	1.14
11	胜利采油厂	2.11		0.50	1.63
12	现河采油厂	2.22		2.54	0.87
13	东辛采油厂	3.71		0.50	0.48
合计		21.12	16.67	25.78	14.12

（一）钻井污染源

废钻井液污染源，是指钻井过程中和完井后以各种方式进入土壤环境的废钻井液。钻井液处理剂种类有无机物、有机聚合物、油类及加重材料。据统计，每口井的钻井废液有200～300 m^3，虽都尽力回收，但仍有较大数量的废液进入土壤中，这些钻井液中某些油类和有机聚合物对土壤环境有较大影响，如有机聚合物使废钻井液的化学需氧量COD增加，许多废钻井液中的这些有害物质都大大超过国家规定的排放标准。因此，废钻井液已成为石油开发过程中对环境有影响的、排放量较大的废物之一。

钻井岩屑污染源，是指经过钻头破碎、随钻井返至地面的地层岩石碎屑，经振动筛与钻井液分离后进入沉砂池，每口井因井深不同岩屑产量为50～300 m^3不等。岩屑因受泥浆浸泡、油浸等具有废钻井液的污染特征外，还因岩屑岩性不同而对土壤环境有不同的影响，如碳酸盐岩屑，主要成分有碳酸钙和碳酸镁；生油盐类的油页岩和油泥岩，含有较多的沥青质和油母质等高分子有机物。这些污染物一旦进入土壤则很难降解。污染调查统计外排岩屑达 16.69×10^3 kg/a。

落地原油、柴油、机油污染物，指钻井过程中废钻井液、废岩屑中含油，冬季井场锅炉房原油、机房、成品油储油装置、动力系统等跑冒滴漏，及用水冲洗等落地和偶发事件引起的。钻井井喷是钻井过程中钻遇高压气油层时因地层压力过高或泥浆处理工程措施不当引起，虽然发生率很低，但一旦发生就会造成大面积原油洒落地面，而造成植物死亡和土壤污染。原油及成晶油中含高分子石油烃及环芳烃组合，能在土壤中集聚并在植物根系上生成一种黏膜阻碍根系呼吸和营养成分吸收，并能引起根系腐烂。

（二）采油污染源

采油是指开采出来的油气水混合液汇集到计量站，经油气分离系统形成成品原油，在此过程中主要产生以下污染。

落地原油污染源，指在试油、修井、洗井过程中进入土壤环境及油井喷溢管道泄漏等的落地原油，是油气资源开发建设造成土壤污染的主要污染物，主要成分为石蜡族芳烃、环烷烃和芳烃等，胜利原油含蜡小，含硫低，为低凝芳烃原油，中性常温下，落地油水性成分很小，据测定水溶性油只占总油量的 0.77%。原油外泄或散落到地面以后，在自然条件下残留到地表的原油经过风吹日晒，往往呈现出片状的黑色块状油污，不易清理。原油是高分子化合物，落地后迁移能力弱，很难下渗，虽然各采油厂专门成立落地原油污油回收队伍负责回收落地原油，但仍然有一部分残留地表。

含油污泥（油砂）污染源，指原油采出液带到地面的固体颗粒，包括除砂器分离，压力容器底部及大罐、隔油池等清底污，污水重量系统分离污泥等，其产生主要与地质条件、地层水质类型、工艺条件、处理工艺和处理药剂种类有关。胜利油田已进入综合高含水期，泵出液量显著增大，含有污染量也随之增大，据东营境内孤东油田统计，每 1 000 kg 采出液含砂 4.84×10^3 kg，每 1 000 kg 原油含砂 23.9×10^3 kg。在稠油热采、三次采油的区块，污泥含量可达 1%左右，并且大量使用化学处理剂，如聚合物驱油等，而使污泥成分复杂化，增大了处理难度。含油污泥的主要污染物为石油类。

作业废弃泥浆污染源，指油井在试油、大修、酸化压裂等施工过程中、完工后废弃于现场的泥浆池、储油池中之废液，因多为收集钻井泥浆稍加处理使用，故成分可以与废弃泥浆类同，但增加了含原油量和油层处理废液等成分。

(三) 采油废水污染源

采油废水污染源,指石油开采过程中,采出原油含水经过一系列工业流程油水分离后,进污水站除油处理并回收污水中油;大部分处理后水输送至注水站回注地下驱油和平衡地层压力,但仍有一小部分外排,经油区河流水系进入莱州湾,因取水污灌影响农田质量或对滩涂、潮间带土壤构成污染。

从调查结果看,在试油、修井、洗井过程中进入土壤环境及油井喷溢、管道泄漏等导致的落地油是土壤污染的主要污染物,它所造成的污染是长期和大面积的。黄河三角洲地区采油井场和其他工作现场都存在落地原油污染问题,据统计,胜利油田每年进入环境的落地原油约为 6.12×10^{7} kg。落地原油经过降雨侵蚀和冲刷等一系列水文过程搬运及人为因素的影响,而形成一个大的面源,累年叠加,使整个油区均受不同程度的影响。对土壤环境的影响受井网密度、开发年代、地形特征和土地类型控制。一般井网密度高,开发年代久,地形低洼则受影响严重。土壤类型不同,土壤背景值不同,反映出不同的土壤理化性质不同和土壤对外来污染物的降解能力。

二、土壤石油污染的间接来源

(一) 土壤石油污染的水环境来源

石油在开采、储运、炼制等环节产生的含油废水、污油、落地油等易随水体下渗或由地表径流污染地下水和地表水,污染水体又通过灌溉等污染土壤,成为土壤石油污染的一个主要间接来源。石油在开发过程中产生的地表水、地下水含油污染物见表 3-2、表 3-3。

表 3-2　石油开发过程中的地表水石油污染物

开发期	工程活动	污染物
项目建设期	钻生产井	钻井污水
	井下作业	井下反排的含油废水废液
投产运行期	开挖管沟及道路建设	管线泄漏物
	井下作业	落地油、洗井水、含油污水(事故状态,如:暴雨径流时)
	油气集输和处理	含油污水
油田衰亡期及服役期满		原油及含油污水(注水管网及输油管线、掺水管线发生破裂、穿孔时)

表 3-3　石油开发过程中的地下水石油污染物

开发期	工程活动	污染物
地质勘查期	钻探井	钻井污水和废弃泥浆、岩屑
	试油、试采、井下作业	含油废水废液
项目建设期	钻生产井	钻井污水、废弃泥浆、岩屑
	井下作业	井下反排的含油废水废液
投产运行期	油水井作业	落地油
	井下作业	落地油、洗井水、含油污水
	管道建设	管线泄漏物
	油气集输和处理	含油污水
油田衰亡期及服役期满		原油及含油污水

据调查，黄河三角洲地区地表水和地下水都不同程度受到石油污染，受到污染的地下水主要是浅层地下水。有关资料表明，部分地区石油类污染物的检出率为100%。

根据黄河三角洲地表水分布的基本格局，胜利油田所排工业废水主要分四路，最终排入渤海。孤岛地区废水经神仙沟排入渤海湾，河口地区废水经挑河排入渤海湾，东营地区废水经广利河排入莱州湾。孤岛采油厂和桩西采油厂属滨海滩涂油田，工业废水主要经过各排涝站提升泵，直接排入莱州湾和渤海湾。因此受纳油田污水的河流主要有挑河、神仙沟、支脉河、广利河、溢洪河，此外还有武家大沟、广蒲河两条比较小的河段。黄河三角洲地区主要纳污河流及排污企业见表3-4。

表 3-4　黄河三角洲主要纳污河流及排污企业

水系名称	河流名称	主要排污口数	主要排污单位
溢洪河	东营河	1	东辛采油厂
	六干排	1	油气集输公司
	溢洪河	2	东辛采油厂
广利河	广蒲沟	2	现河采油厂、工程机械总厂
	广利河	2	东辛采油厂、胜利采油厂

续表 3-4

水系名称	河流名称	主要排污口数	主要排污单位
支脉河	工农河	1	纯梁采油厂
	武家大沟	1	现河采油厂
无	广蒲河	3	总机械厂、石油化工开发总公司、胜利发电厂
	小清河	1	现河采油厂
	神仙沟	4	孤岛采油厂、油气集输公司
	挑河	1	河口采油厂
	渤海湾	11	孤岛采油厂排涝站、桩西采油厂排涝站

黄河三角洲2009年工业源废水及石油类污染物排放情况见表3-5。可以看出，对黄河三角洲地区水体石油污染的影响也主要是石油企业的工业废水排放。其中，石油加工、炼焦及核燃料加工业工业废水中石油类污染物排放量最大，占所有工业源排放量的46.42%，石油、天然气开采业次之，占27.13%，再者为化学原料及化学制品制造业、交通运输设备制造业和金属制造业。其中，2009年滨州市工业废水排放量为13 448.01万 m^3，石油类为 187.89×10^3 kg，占本地区工业废水中石油类污染物总排放量的40.45%。东营市工业废水排放量为8 836.99 m^3，石油类为 153.19×10^3 kg，占本地区工业废水中石油类污染物总排放量的32.98%。

表3-5　黄河三角洲2009年工业源废水及石油类污染物排放情况

工业源	废水排放量 /($\times10^5$ m^3)	石油类 /($\times10^3$kg)	石油类占总排放量比例/%
石油加工、炼焦及核燃料加工业	1 619.28	185.58	46.62
石油和天然气开采业	2 742.52	107.99	27.13
化学原料及化学制品制造业	5 283.46	40.48	10.17
交通运输设备制造业	283.67	20.47	5.14
金属制品业	40.22	17.88	4.49
通信设备制造业	22.22	7.62	1.91
黑色金属冶炼及压延加工业	42.73	7.41	1.86
橡胶制品业	440.38	7.23	1.82
皮革、毛皮、羽毛(绒)及其制造业	823.62	0.97	0.24

续表 3-5

工业源	废水排放量/($\times10^5$ m^3)	石油类/($\times10^3$ kg)	石油类占总排放量比例/%
医药制造业	147.67	0.78	0.20
专用设备制造业	10.43	0.60	0.15
有色金属冶炼及压延加工业	45.44	0.43	0.11
纺织业	5 573.53	0.36	0.09
木材加工及木、竹、藤、棕、草制品业	22.66	0.30	0.08
非金属矿物制品业	22.23	0.01	0.00
合计	17 120.06	398.11	

石油开采过程中，以采油产生的废水最多，其中，采油与炼化两大部门构成了主要污染部门，见图 3-1。采油部门等标污染负荷比为 74.85%，是第一工业含油废水污染行业。炼化部门仅次于采油部门，等标污染负荷比为 17.36%，是第二工业废水污染行业。两者等标污染负荷累计百分比为 92.21%。油水井作业过程中，也可产生废水，由于一般都进干线，实行无污染作业，仅有少量废水排入井场土池中。据调查，工业含油废水主要污染企业有 5 个，其中 4 个是采油厂。现河采油厂等标污染负荷比为 41.59%，是第一工业废水污染企业。其余按等标污染负荷比为大小顺序依次是：石油化工开发总公司、东辛采油厂、孤岛采油厂和孤东采油厂，其等标污染负荷比依次是 17.36%、12.89%、10.24% 和 6.63%。以上 5 个单位的等标污染负荷累加比达 88.71%，是主要的工业含

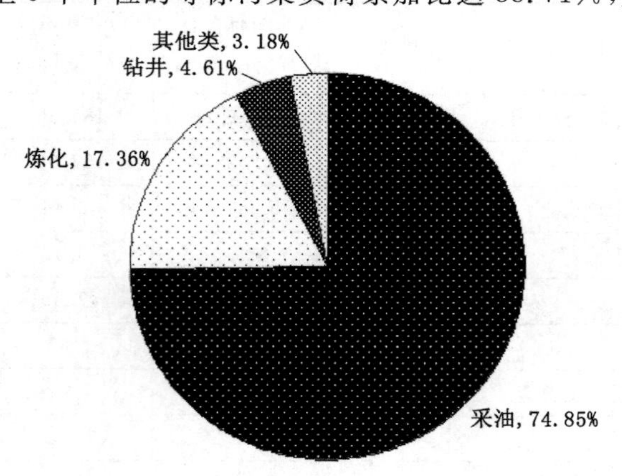

图 3-1 造成水体石油污染的主要单位贡献量

油废水污染企业。

（二）黄河三角洲土壤石油污染的大气环境来源

黄河三角洲工业废气排放量为 $271.6\times10^8\ m^3$，其中43.2%来自油田开采和石油加工业，36.7%来自电力蒸汽热水供应业，2.36%来自石油化学工业。黄河三角洲地区油田开发工程的大气污染源较多，除遍布整个油区的钻井井场、采油井外，原油接转站、联台站、注水站、油田开发辅助工程及运输车辆也都是油田开发大气污染源的组成部分。单井可看成是一个小污染源，由众多油井组成的油区则是一个面源，一个油田可能由多个这样的油区组成。因此，油气田开发过程中的大气污染源，既有大范围的面源，又有单个点源。表3-6为胜利油田的废气排放量。

表 3-6　胜利油田近几年工业废气排放量统计表

年份	全油田工业废气排放量/($\times10^8\ m^3$)
2010	289
2011	313
2015	293.4

油气田开发过程中产生的废气主要为生产工艺废气，其污染物排放量约占油气田开发所产生的大气污染物总量的74%，其主要污染物为总烃和一氧化碳。生产工艺废气的排放源包括油井、气井和计量站、接转站、联台站的储油罐，另外，机动车辆排放的尾气也计入生产工艺废气。生产工艺废气排放量最多的生产部门是采油(气)部门，其排放的污染物约占总量的67.3%，其主要污染物为总烃。

总烃是油气田大气的特征污染物，也是油气田大气中的主要污染物。其主要产生源有以下几种：一是采油(气)和油气集输，包括井口挥发、储罐的大小"呼吸"以及管线泄漏；二是机动车辆尾气；三是钻井部门的柴油机排气，物探、井下作业等的动力设备也有少量的总烃产生。采油(气)部门的总烃排放量占烃排放总量的94%，是主要的总烃排放部门。油气田开发过程中排放的总烃是资源流失的渠道之一，是排放量最多的污染物。大气环境中的总烃(特别是非甲烷烃)的最大危害是造成二次污染，光化学烟雾的形成就是以这种污染物为必要条件的。

第二节　黄河三角洲土壤石油污染现状与评价

2007年3月～7月，课题组对胜利油田主产区滨州、东营进行了实地考察和土壤采样，分析了该地区土壤中石油类物质的含量，在此基础上分析了该地区土壤中石油类含量统计分布特征。选取典型污染源油井，研究其周围土壤石油烃含量的分布特征。采用内梅罗污染指数法对黄河三角洲不同土地利用方式土壤石油烃污染进行评价。

一、研究方法

(一) 样品的采集与制备

利用GPS定位，按照《土壤环境监测技术规范》土壤采样的技术要求，根据区域代表性、土地利用差异性与油田分布相结合的原则，在黄河三角洲的农田、草场、荒地、油井处，共布置采样点102个，采样点分布见图3-2。为了更准确地表明目标污染物的污染状况及来源，采样时每个采样点设在50 m×50 m的范围内。在每一个采样点的采样区域内先用木片采取9个表层(0～20 cm)土壤样品并将其混合均匀，然后将混匀后的样品装入250 mL棕色广口磨口玻璃瓶内，密封瓶口，装在放有冰块的保温箱中运回实验室冷藏(0～4 ℃)保存。在分析前先将样品风干，然后将其研碎，去掉其中含有的小石子、植物根系、生物残余物及其他杂质，混匀研磨后过80目筛，分析土壤中石油烃含量。

随机选取6口油井，以放射状的方式在东、南、西、北4个方位距井口依次为5 m、10 m、20 m、50 m、100 m处分别采集0～20 cm土层土样。将土壤样品混合均匀，然后将混匀后的样品装入250 mL棕色广口磨口玻璃瓶内，密封瓶口，装在放有冰块的保温箱中运回实验室冷藏(0～4 ℃)保存。分析土壤中石油烃总量和饱和烃、芳香烃、胶质、沥青质各组分含量。

(二) 样品分析

土壤中含油量的测定采用重量法，略作改进。具体方法是，将10.0 g风干过2 mm筛的油泥与等体积的无水Na_2SO_4混匀，用称重的K-D瓶装入适量二氯甲烷(DCM)经索氏提取24 h。然后将抽提液在减压旋转蒸发仪上减压蒸干，重新称量K-D瓶，计算出总含油量。饱和烃、芳香烃、胶质、沥青质分析参照《岩石中可溶有机物及原油族组分分析》(SY/T 5119—2008)。

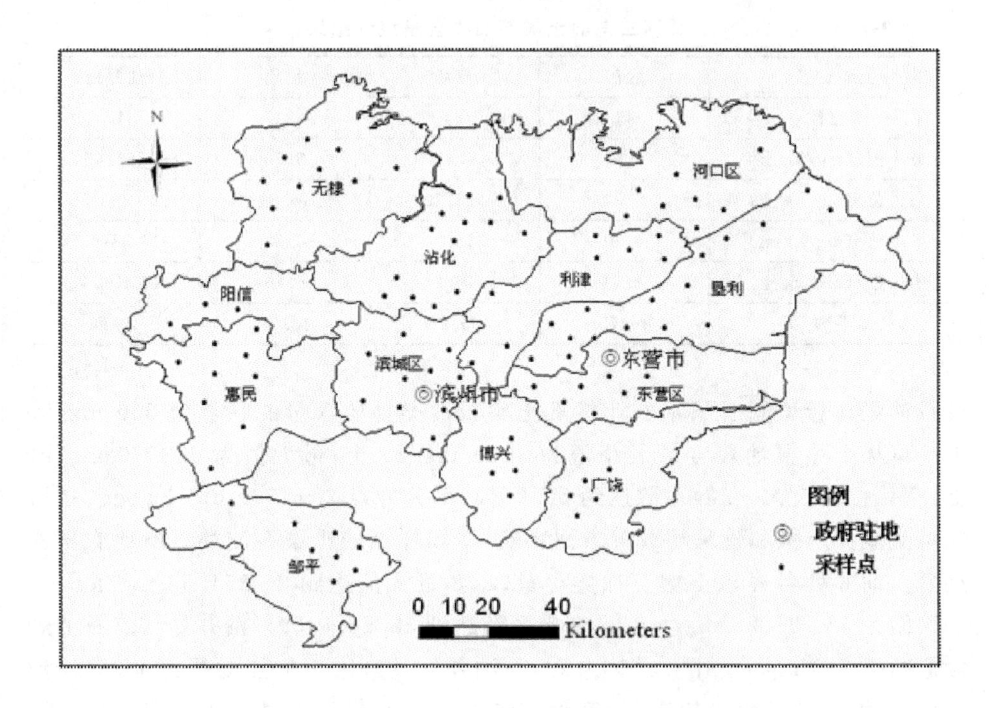

图 3-2 采样点分布示意图

（三）数据处理与分析

采用 Excel 2003 和 SPSS 11.5 等统计软件对所测的数据进行处理分析。

二、结果与分析

（一）黄河三角洲土壤总石油烃（TPH）含量状况

黄河三角洲已开发油田 35 个，油井广布。在原油开采、集输、储运和新发现油田的井下作业等环节，有含油气、含油废水、污油、落地油等废弃物产生，对土壤造成石油污染。采集 102 个土样点，其中，农田 41 个，草场 23 个，荒地 21 个，油井处 17 个。土壤表层（0～20 cm）的石油类含量测定统计结果见表 3-7。

由表 3-7 可以看出，农田土壤石油烃含量较低，平均值为 4.19 mg/kg 土、变异程度最小，变异系数为 16.75%。其次为荒地，样点的土壤石油烃平均含量为 6.78 mg/kg 土，其变化范围在 3.56～15.89 mg/kg 土之间。农田和荒地土

表 3-7　　　　　　　　黄河三角洲土壤石油类含量统计结果

土地类型	农田	草场	荒地	油井处
观测数	41	23	21	17
最小值/(mg/kg 土)	1.92	4.53	3.56	261.45
最大值/(mg/kg 土)	8.94	623.79	15.89	26 354.56
平均值/(mg/kg 土)	4.19	213.24	6.78	16 781.25
中位数/(mg/kg 土)	4.13	176.21	6.45	16 451.48
变异系数/%	16.75	50.25	18.91	32.16

壤石油烃含量均低于国家农业标准土壤石油类物质含量的临界值 500 mg/kg 土。草场土壤石油烃含量最小值为 4.53 mg/kg 土，最大值为 623.79 mg/kg 土，变化幅度较大，变异系数达到 50.25%，部分样点高于 500 mg/kg 土。这可能是受地势起伏和管理粗放等方面影响，草场样点的土壤石油类含量比农田样点高。油井处各样点土壤石油类含量较高，最大值达到 26 354.56 mg/kg 土，平均值为 16 781.25 mg/kg 土，变异系数达到 32.16%，89%油井处样点石油烃含量高于 500 mg/kg 土。总体来看，除油井处及其附近样点易受污油、落地油影响，土壤石油类含量较高外，其他样点的土壤石油类含量要小得多。根据调查地实际情况和数据分析结果，我们发现在地形平坦的某油井处土壤石油类含量为 22 560 mg/kg 土，而距该油井 50 m 处的某荒地样点土壤石油类含量仅 7.96 mg/kg 土。在有一定坡度的地方，污油、落地油的影响范围较大，如在距油井 50 m 的 6 个草场样点，土壤石油类含量平均为 245.26 mg/kg 土，在距油井 100 m 处的某草场样点，土壤石油类含量为 53.21 mg/kg 土，表明污油、落地油对土壤的污染范围受雨季径流的冲刷及搬运能力的影响。总的来看，污油、落地油对土壤的石油污染局限在有污油、落地油存在的油井等处及其附近的很小范围内。

（二）土壤总石油烃(TPH)含量分布特征

由于土地利用通常是把土地的自然生态系统改变为人工生态系统，这是一个自然、社会、经济、技术诸要素综合作用的复杂过程，受诸多方面条件的影响和制约。因此，不同土地利用方式可能对土壤污染物积累产生明显影响。通过讨论土壤石油烃含量的分布特征及不同土地利用方式对其含量分布的影响，可正确评价区域土壤石油污染所带来的环境及健康风险。

图 3-3 为农田土壤石油烃含量的频率分布，结果显示，农田土壤样品石油烃

类含量服从一个正态的分布。农田虽然受人类活动干扰大，但是土壤受石油类物质污染还比较小。图 3-4 为草场土壤石油烃含量的频率分布，结果显示，草场

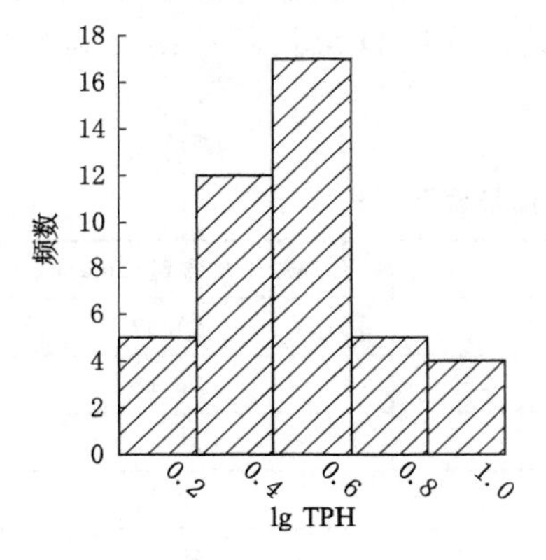

图 3-3　农田土壤石油烃含量频率分布直方图

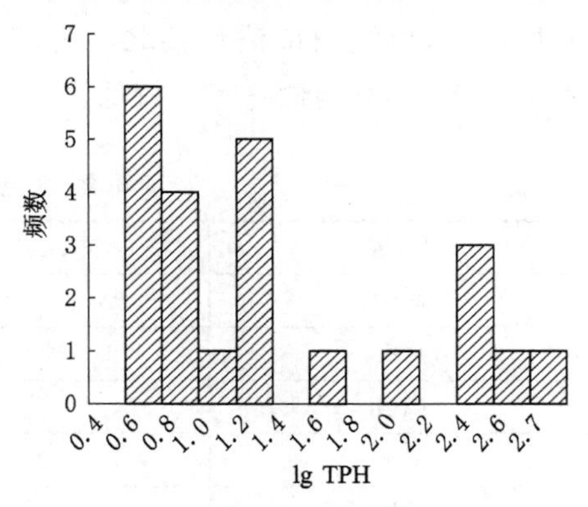

图 3-4　草场土壤石油烃含量频率分布直方图

土壤样品石油烃含量为偏态分布，这可能由于草场地势较复杂、管理粗放原因。图 3-5 为荒地土壤石油烃含量的频率分布，结果显示，荒地土壤样品石油烃类含量基本服从一个正态的分布。荒地受人类活动干扰较小，采样点远离油井，土壤受石油类物质污染比较小。图 3-6 为油井处土壤石油烃含量的频率分布，结果显示，油井处土壤样品石油烃含量基本为正态分布，这可能由于胜利油田开发较早，现在为清洁生产。在油田开发初期产生的石油污染逐渐被降解，现在胜利油田土壤中的石油类物质含量处于动态的平衡，因此它服从正态分布。

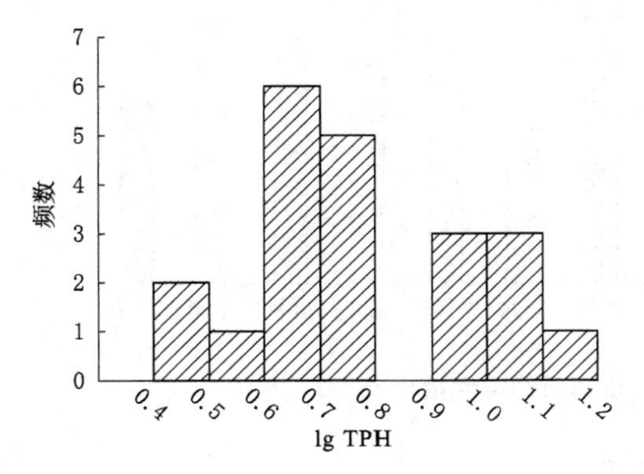

图 3-5　荒地土壤石油烃含量频率分布直方图

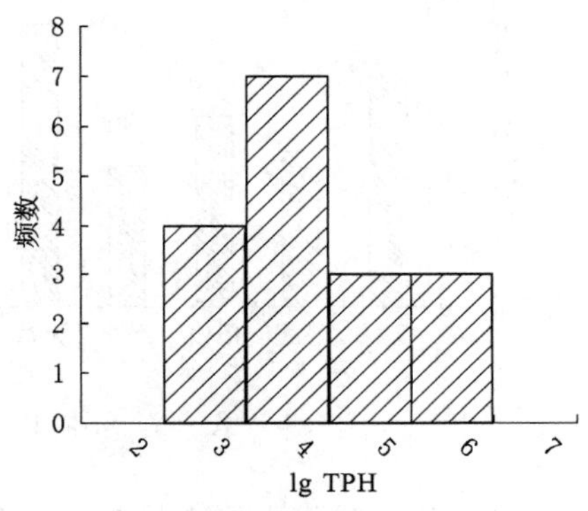

图 3-6　油井土壤石油烃含量频率分布直方图

从表 3-8 和图 3-7 可以看出，除油井周围各县区土壤石油烃含量均值都低于国家农业标准土壤石油类物质含量的临界值 500 mg/kg 土。在整体分布上，石油类含量以滨洲市沾化县北侧为较高，其次为东营市及其东南侧和河口一带，在广饶、滨州南侧一带为较低。

表 3-8　　不同县、区土壤石油烃含量

县、区	观测数/个	石油烃平均含量/(mg/kg 土)
滨城	8	40.89
惠民	8	26.13
阳信	3	31.22
邹平	7	32.19
无棣	7	46.79
沾化	10	53.67
博兴	5	28.64
河口	6	47.29
利津	7	40.52
垦利	12	45.23
东营	6	48.73
广饶	6	35.46

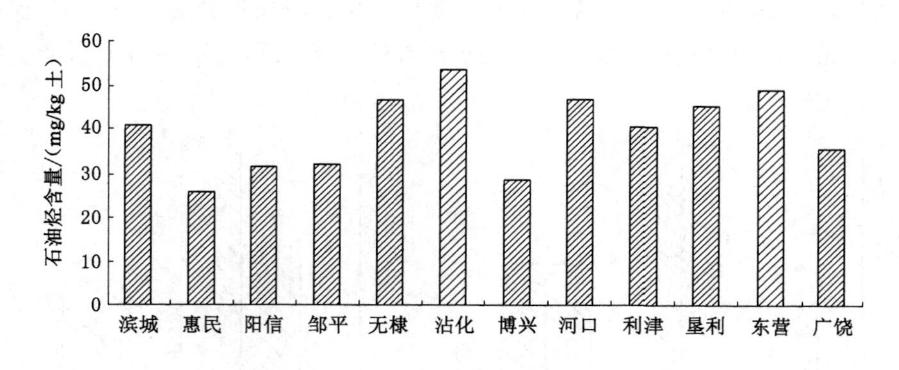

图 3-7　不同县区土壤石油类含量比较

（三）油井周围土壤中的石油烃含量

由表 3-9 可以看出，所调查的油井周围土壤中的含油量基本规律是距油井越远，土壤中油含量越低。6 个油井周边 5 m 处土壤中油含量均大大高于临界值(500 mg/kg 土)。1#、2#、3#、5#和6#井周围100 m范围内所采集的土样中油含量均高于临界值,且距油井100 m处土壤中平均油含量还高达2 000 mg/kg土。4#的20 m和100 m两处的土壤中油含量低于临界值。从现场看到4#油井的周边大部分铺上了碎石,可能减少了落地油等对周边土壤的污染。通过分析距离不同油井土壤样品中石油烃含量,可以初步看出,黄河三角洲地区油井对周围土壤污染较为严重。

表 3-9　　黄河三角洲油井周边土壤中含油量(mg/kg,干土)

井号 \ 距油井距离/m	5	10	20	50	100
1#	1 756	1 193	15 690	1 631	2 935
2#	13 691	6 953	2 549	1 064	2 116
3#	21 654	29 679	5 932	3 691	2 789
4#	12 568	4 576	269	1 589	113
5#	15 249	16 320	5 146	2 148	2 059
6#	17 589	19 237	6 492	3 116	2 697

图3-8为井场附近土壤中烃类含量平面变化图,可以看出,饱和烃、芳香烃、胶质和沥青质的含量曲线极具相似性,其含量的变化趋势在各井变化一致。多数取样井附近的土壤中,饱和烃、芳香烃、胶质和沥青质的含量最大值存在于井口附近,这与油田开发过程中落油易在井口处富集的现象相吻合。不同油井周围土壤饱和烃、芳香烃、胶质和沥青质的含量不同,1#、3#井周围土壤中胶质>饱和烃>芳香烃>沥青质,2#井周围土壤中饱和烃>芳香烃>胶质>沥青质,3#井周围土壤中饱和烃>芳香烃>胶质>沥青质,4#、6#井周围土壤中饱和烃>胶质>芳香烃>沥青质,5#井周围土壤中的4种石油物质含量的最大值不是在井口处。可能原因是其样点位于一小水塘附近,受其影响较大。这表明,不同油井周围土壤中各种烃类组分含量可能不同。

(四) 石油烃类物质污染评价

土壤环境质量评价一般以单项污染指数为主,指数小污染轻,指数大则污染重。计算公式为:

$$P_i = C_i / S_i \qquad \text{公式(1)}$$

式中　P_i——土壤中污染物 i 的污染指数;

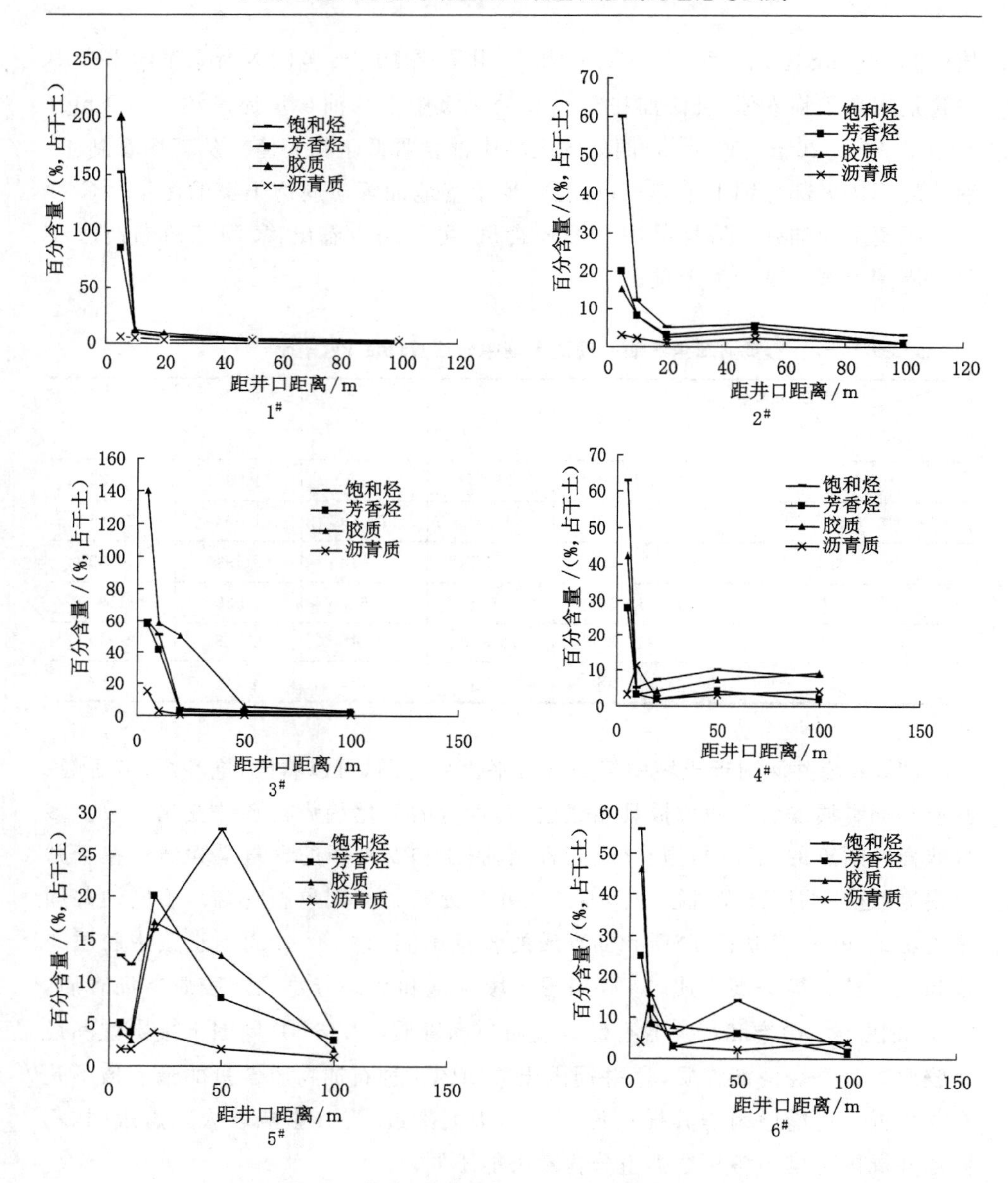

图 3-8 井场附近土壤中烃类含量平面变化图

C_i——土壤中污染物 i 的实测值,mg/kg;

S_i——土壤中污染物 i 的质量标准,mg/kg。

土壤中石油烃类物质的整体污染状况采用内梅罗污染指数法进行评价,其计算公式为:

$$P_N=\sqrt{\frac{PI_{均}^2+PI_{最大}^2}{2}}$$ 公式(2)

式中　P_N——土壤中石油烃污染物的内梅罗污染指数；

$PI_{均}$——土壤中石油烃污染物的平均单项污染指数；

$PI_{最大}$——土壤中石油烃污染物的最大单项污染指数。

内梅罗指数反映了污染物对土壤的作用，同时突出了高浓度污染物对土壤环境质量的影响，可按内梅罗污染指数，划定污染等级。内梅罗指数土壤污染评价标准见表3-10。

表3-10　土壤内梅罗污染指数评价标准

等级	内梅罗污染指数	污染等级
Ⅰ	$P_N\leqslant 0.7$	清洁（安全）
Ⅱ	$0.7<P_N\leqslant 1.0$	尚清洁（警戒线）
Ⅲ	$1.0<P_N\leqslant 2.0$	轻度污染
Ⅳ	$2.0<P_N\leqslant 3.0$	中度污染
Ⅴ	$P_N>3.0$	重污染

选用国家农业标准土壤石油类物质含量的临界值500 mg/kg土作为黄河三角洲土壤石油类物质污染评价的评价标准。表3-11为黄河三角洲不同土地利用方式下的土壤石油烃污染评价结果。

表3-11　黄河三角洲不同土地利用方式下的土壤石油烃污染评价

类型	内梅罗污染指数	污染等级
农田	0.14	清洁（安全）
草场	0.83	尚清洁（警戒线）
荒地	0.16	清洁（安全）
油井处	42.29	重污染

由表3-11可以看出，黄河三角洲地区农田和荒地$P_N<0.7$，土壤等级为清洁安全。草场$P_N=0.83$，为尚清洁土壤，但处于警戒线。油井处$P_N=42.29>3.0$，说明井场附近土壤已被石油类物质严重污染了。

三、小结

（1）黄河三角洲地区土壤的石油污染来源比较复杂，石油开采、集输、储运、炼制和新发现油田的井下作业等环节都可以造成土壤的石油污染。其直接来源主要有钻井污染、采油污染及采油废水污染三部分，试油、修井、洗井过程中进入土壤环境及油井喷溢、管道泄漏等导致的落地油是土壤污染的主要污染物。采油与炼化两大行业构成了该地区主要石油污染行业。

（2）不同土地利用方式，土壤中石油烃含量油井处＞草场＞荒地＞农田，农田、荒地和油井处土样石油烃含量呈正态分布，草场土样石油烃含量呈偏态分布，土壤石油烃含量受地形、水流等环境因素影响较大。

（3）不同的油井周围土壤中各种烃类组分含量可能不同。采用内梅罗污染指数法评价该地区土壤石油烃污染程度，农田和荒地为清洁等级，草场为尚清洁等级，油井周围为重污染等级。这为石油污染土壤修复提供了重要利用依据，石油污染土壤生态修复主要在油井周围进行。

第四章　石油污染土壤中微生物多样性的研究

自然界中富含大量的石油资源，随着人们对石油资源的开发和利用，石油资源在给人们带来巨大经济利益的同时，也对生态环境造成了巨大威胁。油田和石油工业区内大面积土地和邻近水系受到石油烃类的严重污染。石油烃的有些成分有致癌、致突变、致畸的作用，并能通过食物链在动植物及人体内富集，被列为重点污染物。进入环境中的石油，由于生物学的和某些非生物学(化学氧化)的机制而逐步降解。大量研究表明，在自然界净化石油烃类污染的综合因素中，微生物降解起着重要的作用，目前已报道有多个种属具有分解和转化石油组分的能力。

目前变性梯度凝胶电泳技术(DGGE 技术)在环境微生物学中是一种被普遍接受的研究方法，在微生物群落多样性、微生物群落动态、监测细菌的富集和分离、检测因编码的微观差异、比较 DNA 提取方法的优劣以及克隆文库的筛选等领域都有广泛的应用。1993 年 Muyzer 等首次将 DGGE 技术用于微生物生态学研究，其研究结果表明该技术有助于人们对非典型微生物种群的多样性的了解。目前，DGGE 技术已经成为微生物群落多样性和动态性分析的强有力工具。基于 PCR 扩增的变性梯度凝胶电泳技术(PCR-DGGE)最早是一种应用于检测 DNA 的点突变的电泳技术，DGGE 不是基于核酸分子量的不同将 DNA 片段分开，而是根据序列中碱基组成的不同将片段大小相同的 DNA 序列分开。该技术的工作原理是通过不同序列的 DNA 片段在各自相应的变性剂浓度下变性，发生空间构型的变化，导致电泳速度的急剧下降，最后在其相应的变性剂梯度位置停滞，经过染色后可以在凝胶上呈现为分散的条带，理论上认为，只要选择的电泳条件如变性剂、电泳时间、电压等足够精细，仅有一个碱基差异的 DNA 片段都可以被分开。

之前应用 DGGE 技术的实验有：① 应用生物修复技术修复石油污染土壤的过程中微生物种群的多样性及修复活性。通过自然降解、生物刺激、生物表面活性剂、生物吸收放大以及各种方法的联合利用的 5 种不同处理过程比较得出，其中方法的联合使用对石油的降解速率最大，并以 DGGE 技术比较了自然降解及方法联合使用的土壤中烷基单氧酶基因的差别，其中 Shannow-weaver

变异指数及 Simpoon dominame 指数说明在生物修复方法之间，生物修复前后的土壤中微生物种群多样性具有明显差异。② 通过实验室模拟试验，利扩增 16S rDNA 和 18S rDNA 基因结合 DGGE 技术，研究了铜和甲霜灵联合运用对土壤中微生物生态结构和功能的改变，并发现其联合运用对土壤中的微生物结构和数量均有显著的影响。③ 以 DGGE 技术对施加无机肥结合堆肥和堆肥加氮两种不同处理的土壤中微生物种群进行聚类分析，得出长期堆肥处理并没有改变土壤中微生物种群的结构；用 DGGE 技术检测和分析两块草地样地中伯克氏菌(*Burkholderik*)属群落的多样性，揭示植物主体和根际土壤样品中生物多样性有着明显的不同；以及 DGGE 技术用于分析华盛顿州 4 种土壤中细菌群落结构和数量的多样性，发现管理和农业操作对细菌群落结构的影响比降水影响更大。④ 用 DGGE 技术研究土壤中特殊种群的遗传多样性如氨氧化细菌群落结构组成和根际微生物群落的多样性。

传统环境微生物分析方法主要建立在培养环境微生物基础上，需要以微生物的生长为前提。然而，许多研究已经证实，通过传统分离方法鉴定的微生物种类只占环境中微生物总数的 0.1%～10%。与依靠传统培养方法对微生物进行菌种分离、纯化和鉴定等操作相比，DGGE 技术除可鉴定出无法利用传统方法分离得到的菌种外，还能够更有效更可靠更快捷地分析大量样本，对微生物群落里特异的分类群进行评估，快速、准确地鉴定微生物个体，并进行复杂微生物群落结构演替规律、微生物种群动态性、表达及调控的评价分析。

同其他分子生物学技术一样，DGGE 技术也有其缺陷。Vallaey 等发现 DGGE 技术并不能对样品中所有的 DNA 片段进行分离。Muyzer 等指出 DGGE 技术只能对微生物群落数量大于 1%的优势种群进行分析。该技术只能分离较小的基因片段，使用于系统发育分析比较受到了限制，并且该技术具有内在的如单一细菌种类 16S rRNA 拷贝之间的异质性问题，可导致自然中微生物群落数量的过多估计。如果 DGGE 技术的实验条件选择不当，不同序列的 DNA 片段可能发生共迁移的现象，即同一 DGGE 条带包含有不同种类的微生物 DNA 片段，从而导致环境样品中实际微生物多样性被低估。

尽管 DGGE 技术存在一定的缺陷，但因其重现性强、可靠性高，可同时分析多个样品，能够提供微生物群落中优势种群信息，能够弥补传统方法在分析微生物群落结构方面的不足，现已成为环境微生物生态学领域一种重要研究手段。因此，了解 DGGE 技术的优越性和局限性，结合其他分子生物学技术是研究和评价复杂的微生物群落结构及其动态性研究现状最有前景的技术手段。

第一节 石油污染土壤总基因组的提取

一、土壤基因组总 DNA 的提取

在滨州市中海公园及东营市油田油井附近采样，选择有代表性的样点（编号为 ZH_1，ZH_2，ZH_3，ZH_4，DY）将采集的土壤立即带回实验室，置于 4 ℃冰箱保存。称取 0.5 g 土壤，将 1.4 mL 缓冲液 A（100 mmol/L Tris-HCl，100 mmol/L EDTA，100 mmol/L 磷酸盐，0.4 mol/L NaCl，1% CTAB，pH 8.0）和 20 μL 溶菌酶（20 mg/mL）与 0.5 g 土壤置于 5 mL 的离心管中，使用振荡器混匀，反复冻融（−35 ℃ 10 min，60 ℃ 10 min ），3 次。37 ℃恒温摇床上 180 r/min 往复振荡 1.5 h。加入 150 μL 20%SDS，轻轻摇匀，65 ℃水浴加热 1.5 h，每隔 15 min 轻轻颠倒混匀一次。10 000 r/min 常温离心 10 min，将上清液转入新的 5 mL 离心管中（离心后会有蛋白质出现，上清一般为棕黄色）。上清加入等体积的苯酚：氯仿：异戊醇（25：24：1），混匀，12 000 r/min 常温离心 10 min，抽提至无蛋白质（重复抽提）。加入 0.6 倍体积的预冷异戊醇（沉淀 DNA），室温沉淀 30 min，12 000 r/min 常温离心 20 min，去上清。所得沉淀用 500 μL 70%乙醇洗涤晾干（让其自然挥发，不能倒掉）。加入 50 μL TE 缓冲液（100 mmol/L Tris，1 mmol/L EDTA，pH 值为 8.0）溶解 DNA，进行琼脂糖凝胶电泳。结果如图 4-1 所示。5 种样品做两个重复。由图可知，采用酶法和化学法相结合的方法提取的总 DNA 条件清晰并完整，可作为模板用于下一步的 PCR 反应。将相同来源的基因组混合，测定 DNA 浓度，分别为 89.2 μg/mL，201.6 μg/mL，93.2 μg/mL，190.7 μg/mL 和 94.2 μg/mL，浓度达到 PCR 反应要求。

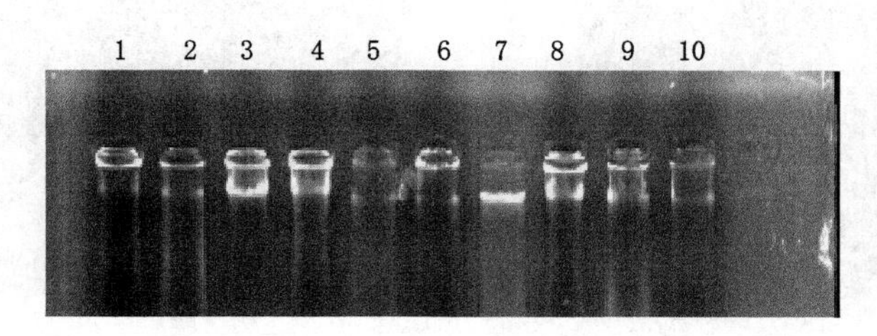

图 4-1 土壤基因组总 DNA 电泳检验结果

1——ZH_{1-1}；2——ZH_{1-2}；3——ZH_{2-1}；4——ZH_{2-2}；5——ZH_{3-1}；6——ZH_{3-2}；7——ZH_{4-1}；8——ZH_{4-2}；9——DY_{1-1}；10——DY_{1-2}

二、基因组总 DNA 的 16S rDNA 高可变区的 PCR 扩增

从土壤基因组中扩增微生物 16S rDNA 的 V8、V9 两个可变区序列，分别使用 P1 和 P2 两对引物，见表 4-1。扩增体系为 50 μL，包括：5 μL 10×Buffer、4 μL dNTPs、4 μL $MgCl_2$、1μL 正向引物(20 μmol/L)、1 μL 反向引物(20 μmol/L)、1 μL DNA 模板、0.5 μL Taq DNA 聚合酶、33.5 μL ddH_2O。采用 Touchdown PCR 方法进行 PCR 扩增，反应条件为：95 ℃预变性 4 min，循环过程为：95 ℃ 1 min；退火温度 1 min；72 ℃ 3 min(其中退火温度为 65～50 ℃，每个温度 1 个循环)；之后再进行 15 个循环(95 ℃ 1 min，55 ℃ 1 min，72 ℃ 1 min)；72 ℃延伸 10 min，4 ℃终止。用 1.0%琼脂糖凝胶电泳检测 PCR 反应产物。

表 4-1　　所用引物的序列

引物	目的序列	引物序列	PCR 产物
P1：341F-GC＊	341－357	5’-CCTACGGGAGGCAGCAG-3’	V8 高可变区
907R	907－926	5’-CCGTCAATTCMTTTGAGTTT-3’	626 bp
P2：1055F	1055－1070	5’-ATGGCTGTCGTCAGCT-3’	V9 高可变区
1046R－GC＊	1392－1046	5’-ACGGGCGGTGTGTAC-3’	392 bp

注：F：正向引物；R：反向引物；GC＊：一段约 40bp 的富含 GC 的序列，其序列为：5’-CGCCCGC-CGCGCCCCGCGCCCGTCCCGCCGCCCCCGCCC-3’

对提取的土壤总 DNA 的 16S rDNA 的 V8、V9 区进行 PCR 扩增，用 1.0%琼脂糖凝胶电泳检测，电泳检测时所用的 Marker 为 2 000bp。V8 区检测结果如图 4-2(a)所示，其 PCR 扩增片段大小在 500～750 bp，大约为 600 bp。V9 区

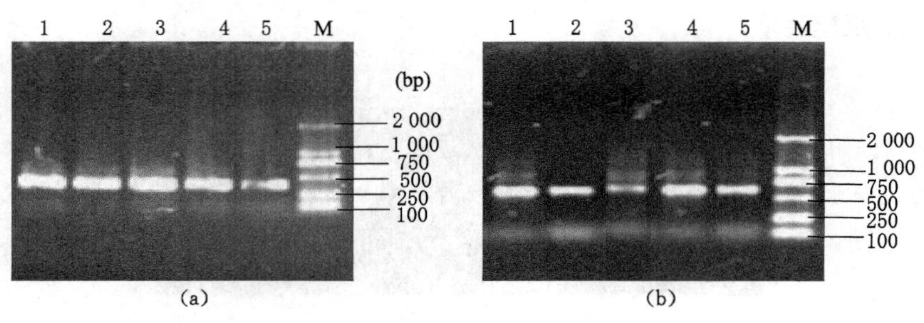

图 4-2
(a) V8 区 PCR 扩增条带；
1——ZH_1；2——ZH_2；3——ZH_3；4——ZH_4；5——DY；M. Marker2000
(b) V9 区 PCR 扩增条带
1——ZH_1；2——ZH_2；3——ZH_3；4——ZH_4；5——DY；M. Marker2000

结果如图 4-2(b)所示，其扩增后片段大小在 250～500 bp 之间，大约为 320 bp。

第二节　变性梯度凝胶电泳

一、变性梯度凝胶电泳

利用 DcodeTM Universal Mutation Detection System(BIO-RAD) 对 16S rDNA 的 V8,V9 高可变区的 PCR 扩增片段进行 DGGE 分离。DGGE 时胶板面积为 16 cm×16 cm,DGGE 的条件为:6%的聚丙烯凝胶,40%～60%的变性剂梯度(100%的变性剂为 7 mol/L 的尿素和 40%的去离子甲酰胺的混合物);将 200 ng PCR 产物加入点样孔中,在 7L 1×TAE 缓冲液中,60 ℃;180 V 恒压;电泳 200 min,电泳完毕后用 EB 染色,在添加 20 μL 10 mg/mL EB 的 250 mL 1×TAE 缓冲液中染色 5 min 后,在相同体积 1×TAE 缓冲液中脱色后,通过 Bio-Rad 凝胶成像系统来成像。DGGE 设备组装及凝胶配制如下:

(1) 将海绵垫固定在制胶架上,把制胶板系统垂直放在海绵上面,用分布在制胶架两侧的偏心轮固定好制胶板系统(短玻璃的一面正对着自己)。

(2) 共有三根聚乙烯细管。将短的那根与 Y 形管相连,两根长的则与小套管相连,并连在 30 mL 的标记有“高浓度”和“低浓度”的注射器上,安装上相关的配件,调整梯度传送系统的刻度到适当的位置。

(3) 反时针方向旋转凸轮到起始位置。

(4) 配置两种变性浓度的丙烯酰胺溶液到两个离心管中。

(5) 每管加入 18 μL TEMED,80 μL 10% APS,而在高浓度的离心管中需加 500 μL 的 Dye solution 迅速盖上并旋紧帽后上下颠倒数次混匀。用连有聚乙烯管标有“高浓度”的注射器吸取所有高浓度的胶,对于低浓度的变性剂操作同上。

(6) 通过推动注射器推动杆小心赶走气泡并轻柔地晃动注射器,推动溶液到聚丙烯管的末端。

(7) 分别将高浓度、低浓度注射器放在梯度传送系统的正确一侧固定好,再将注射器的聚丙烯管同 Y 形管相连。

(8) 保持恒定匀速且缓慢地推动凸轮传送溶液。

(9) 小心插入梳子,让凝胶聚合大约一个小时。并把电泳控制装置打开,预热电泳缓冲液到 60 ℃。

（10）聚合完毕后拔走梳子，将胶放入到电泳槽中，清洗点样孔，盖上温度控制装置使温度上升到 60 ℃。

（11）点样，电泳（180 V，200 min）。

（12）电泳完毕后，取下凝胶玻璃板，将凝胶从玻璃板上小心剥离，放入电泳缓冲液中进行染色。

（13）采用 BIO-RAD 公司的 Gel Doc 2000 凝胶成像系统，在紫外光下成像，拍照。

二、DGGE 图谱

使用 DGGE 技术分析环境中微生物群落时，群落多样性与不同的 16S rDNA 靶序列有着密切的关系。将在土壤中提取的基因组总 DNA，用 16S rDNA 高可变区 V8、V9 的不同的引物 P1、P2 进行 PCR，采用 40%～60%的变性剂浓度梯度进行 DGGE 电泳分离，结果如图 4-3 所示，P1、P2 两对引物分离的条带

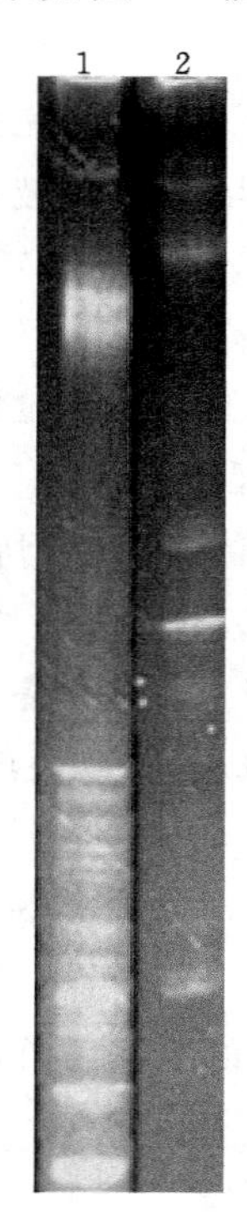

图 4-3　不同引物扩增后得到的 DGGE 图

1——用 P1 引物扩增所得到的 DGGE 图谱；2——用 P2 引物扩增所得到的 DGGE 图谱

分别为 8 和 13 条，根据 DGGE 技术原理，每一个条带可能代表一种微生物群落，因此利用 P1，P2 引物扩增 16S rDNA V8 区片断用 DGGE 技术分离得到较多的条带，从而能够获得更多的微生物多样性信息。

三、DGGE 分离条带比对和测序结果分析

（一）DGGE 分离条带的检测与比对

将图 4-4 中的 V8、V9 区分离出的条带分别标记为 8-1～8-13 和 9-1～9-8，并将条带切割下来进行胶回收。所得到的 DNA 作为模板用不含 GC 夹子的 V8、V9 引物扩增后，用 1.0％琼脂糖凝胶电泳检测 PCR 反应产物，然后再进行一次 DGGE，如果该条带还能够跑到原来的位置，则证明该条带是纯合的双链 DNA。经过再次 DGGE 检测出最后正确的条带为 8-1、8-2、8-3、8-7、8-8、8-10、8-11、8-13 以及 9-1、9-2、9-4、9-5、9-6、9-8。将正确的条带送到测序公司测序，然

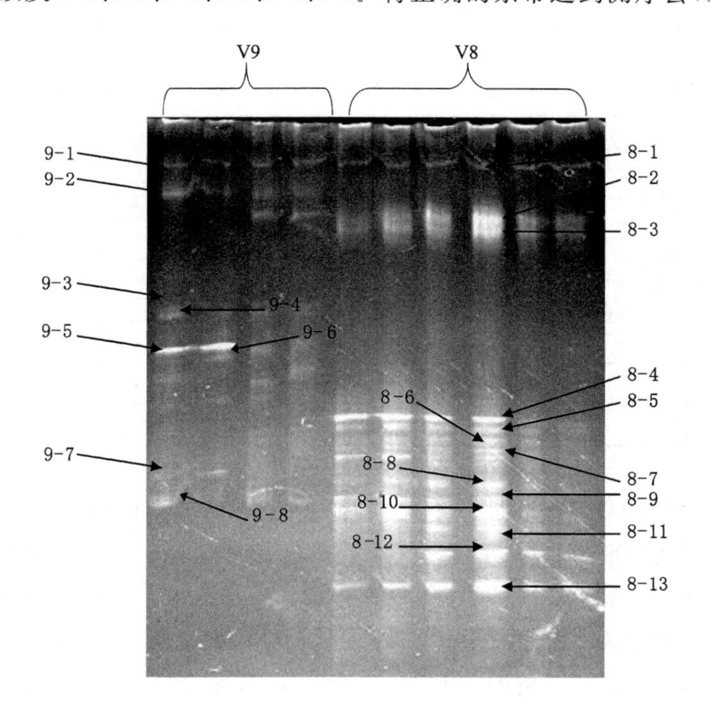

图 4-4　DGGE 分离条带

V9 区分离到条带为 9-1、9-2、9-3、9-4、9-5、9-6、9-7、9-8；

V8 区分离到条带为 8-1、8-2、8-3、8-4、8-5、8-6、8-7、8-8、8-9、8-10、8-11、8-12、8-13

后通过 GenBank 数据库对测序结果进行比对(表 4-1)。

表 4-1(a) 16S rDNA V8 区条带序列与 GenBank 最相似序列比对结果

条带	序列大小/bp	GenBank 序列号	同源性最高的种属(序列号)	相似性/%
8-1	524	XKH44X6E01N	*Brevundimonas* sp. JF724059	99
8-2	526	XKJ5R6X401N	*Brevundimonas* sp. JF724059	99
8-3	533	XKJSG2GX01S	*Brevundimonas vesicularis* JQ689180	99
8-7	531	XKKBSN9G01S	*Brevundimonas* sp. JF724059	99
8-8	525	XKM9X4UT01S	*Brevundimonas* sp. JF724059	99
8-10	526	XKMU167S01S	*Brevundimonas* sp. JF724059	99
8-11	524	XKNX6VYZ01S	*Brevundimonas* sp. JF724059	99
8-13	528	XKPP75N4012	*Bacillus* sp. JQ661013	99

表 4-1(b) 16S rDNA V9 区条带序列与 GenBank 最相似序列比对结果

条带	序列大小/bp	GenBank 序列号	同源性最高的种属(序列号)	相似性/%
9-1	323	XH2Y5BG401N	*Bacteroidetes bacterium* HQ396994	96
9-2	326	XH4P7CM601N	*Bacteroidetes bacterium* HQ396994	96
9-4	325	XH55R39S01S	*Brevundimonas mediterranea* HE800813	98
9-5	325	XH6DWBBJ01N	*Bacteroidetes bacterium* HQ396994	92
9-6	325	XKG7RW1C01N	*Bacteroidetes bacterium* HQ857631	92
9-8	323	XKGUJUFC01S	*Uncultured bacterium clone* EU735696	94

比对的 V8 区 8 条 DGGE 序列中,有 8-13 条序列与 Bacillus 属相似;另外,有 7 条序列属于变形杆菌,并且,序列 8-1、8-2、8-3、8-7、8-8、8-10 和 8-11 与短波单胞菌(*Brevundimonas*)属的菌株(*Brevundimonas* sp. 和 *Brevundimonas vesicularis*)相似性均高于 99%,可初步判断这 7 条序列所代表的微生物属于 *Brevundimonas* 属。分析的 V9 区的 6 条 DGGE 条带序列中,9-1、9-2、9-5 和 9-6 的序列与 GenBank 数据库中拟杆菌属(*Bacteroides*) *bacterium* 序列的相似性最高,属于 *Bacteroides* 属;序列 9-4 与 *Brevundimonas mediterranea* 的相似性为 98%,可判断该序列所代表的微生物属于 *Brevundimonas* 属;9-8 条带序列与未培养的微生物相似。

（二）DGGE 分离条带测序结果分析

将经过测序所得的序列利用 Clustal X 和 Mega4.1 软件构建系统发育进化树（图 4-5），从分析结果可以发现这些条带分别属于 α、γ-变形杆菌（*Proteobacterias*）、芽孢杆菌（*Bacilli*）和拟杆菌（*Bacteroidetes*）并且与它们的亲缘关系比较近。按照各条带所代表的微生物在属水平上的发育地位，可对石油污染盐碱土壤中微生物的功能进行初步分析，结果发现其中条带 8-1、8-2、8-3、8-7、8-8、8-10、8-11 和 9-4 代表的 *Brevundimonas* 属，该属中有大量的烃降解微生物被分离得到过。条带 8-13 代表的 *Bacillus* 属，该属中的 *Bacillus thermoleovorans* 被发现能够降解 C_{23} 烷烃。条带 9-1、9-2、9-5 和 9-6 代表 *Bacteroides* 属，该属在生物修复过程中有重要作用。

四、结论

（1）通过观察电泳检测的石油污染盐碱土壤中微生物总 DNA 的提取结果，可以发现在土壤微生物总 DNA 提取步骤中加入涡旋震荡后，可以获得比较好的提取效果，能够获得更高浓度的 DNA。

（2）对石油污染盐碱土壤中微生物基因组总 DNA 进行 PCR 扩增时，DGGE 电泳图谱显示，使用 P1 引物对石油污染盐碱土壤基因组总 DNA 的 16S rDNA 的 V8 高可变区进行扩增，能够获得更多的 DGGE 条带，即可以得到更多的石油污染盐碱土壤中微生物多样性的信息。

（3）DGGE 序列分析结果显示，石油污染盐碱土壤中存在着大量的 α，γ-变形菌，芽孢杆菌和拟杆菌，通过序列信息基本可确定这些条带所代表的微生物在属水平上的进化地位。

（4）在本实验由 DGGE 分离条带的序列结果所提供的微生物进化关系信息指导下，以后可以通过传统富集培养、直接培养以及特殊培养方法得到土壤样品中的优势菌株，并且可以进一步研究优势菌株的理化性质，特别是土壤中石油的降解效果。

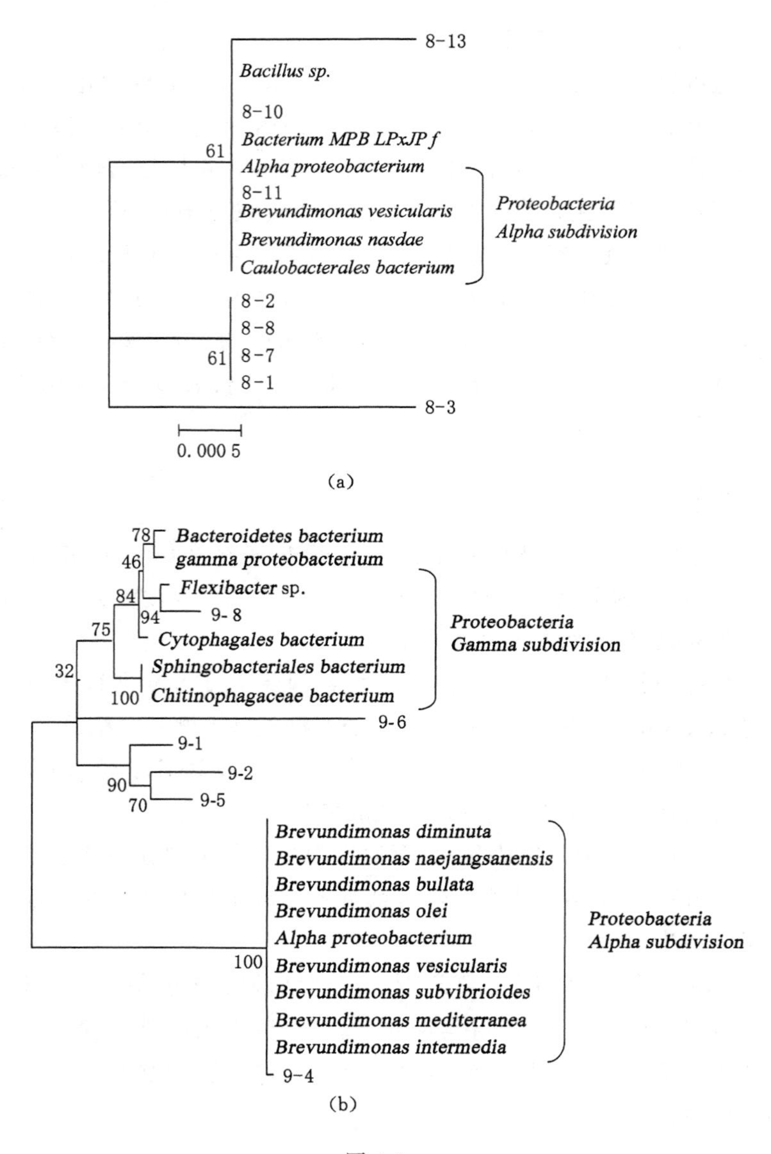

图 4-5

(a) 16S rDNA V8 区序列 DGGE 条带所代表的微生物的系统发育进化树；

(b) 16S rDNA V9 区序列 DGGE 条带所代表的微生物的系统发育进化树

第五章　PCR-DGGE 技术在石油污染土壤微生物修复过程中的监控作用研究

目前石油污染土壤的治理方法主要有物理法、化学法及生物修复技术，其中生物修复技术被认为最有生命力。所谓生物修复是指利用生物的生命代谢活动减少土壤环境中有毒有害物的浓度或使其完全无害化，从而使污染了的土壤环境能够部分地或完全地恢复到原初状态的过程，美国联邦环保局将其定为最可行和最有效的方法。我国为经济飞速发展的国家，土壤石油污染正在不断扩大，相对于别的方法，生物降解法是一种高效低费用的治理技术，能最好最彻底地处理石油污染，必将在我国得到广泛的应用。

据统计，到目前为止，发现能降解石油的微生物有 200 种以上。降解石油烃类化合物的细菌主要有：产碱杆菌属(*Alealigenes*)、微杆菌属(*Microbacterium*)、假单孢菌属(*Pseudomonas*)等；放线菌中有放线菌属(*Actinomyces*)、诺卡氏菌属(*Nocardia*)等；真菌主要有假丝酵母属(*Candida*)、红酵母属(*Rhodotorula*)、毛霉属(*Mueor*)、镰刀霉属(*Fusarium*)、青霉属(*Penicilium*)等。解烃菌的细胞均含有改变了的脂肪酸组分和较多的核糖体，并常将烃类累积在细胞质膜上，它们也能合成较多的磷脂。一般认为，细菌分解原油比真菌、放线菌容易得多，更能有效地降解原油。2005 年，Marc Vinas 等将 PCR-DGGE 和主成分分析相结合对杂酚油污染土壤的实验室修复过程中细菌群落变化的动力学以及对多环芳烃的降解特性进行了研究，发现在修复早期 α-Proteobacteria 纲在所有处理中都占有优势，后期 γ-Proteobacteria 纲、α-Proteobacteria 纲和 Cytopage-Flexibacter-Bacteroides 纲在未添加营养的处理中占优势，而 γ-Proteobacteria 纲、β-Proteobacteria 纲和 α-Proteobacteria 纲在添加营养的处理中占优势，说明特定的细菌类型与不同的生物修复阶段有关。

基于 PCR 扩增的变性梯度凝胶电泳技术(PCR-DGGE)最早是一种应用于检测 DNA 的点突变的电泳技术，DGGE 不是基于核酸分子量的不同将 DNA 片段分开，而是根据序列中碱基组成的不同将片段大小相同的 DNA 序列分开。该技术的工作原理是通过不同序列的 DNA 片段在各自相应的变性剂浓度下变性，发生空间构型的变化，导致电泳速度的急剧下降，最后在其相应的变性剂梯度位置停滞，经过染色后可以在凝胶上呈现为分散的条带，理论上认为，只要选择的电泳条件如变性剂、电泳时间、电压等足够精细，仅有一个碱基差异的DNA片段都可以被分开。

目前，DGGE可靠性强、重现性高、方便快捷，已发展成为研究微生物群落结构的重要分子生物学手段。结合PCR扩增标记基因的DGGE指纹图谱能直接显示微生物群落中的优势组成部分。本课题应用DGGE技术分析研究了石油土壤中混合菌剂的动态变化，实验发现随着石油土壤中微生物修复作用的进行，DGGE条带发生很大的变化：随着修复时间的延长，条带亮度出现明显的变化，表明条带所代表的微生物数量发生相应的变化。

国内外现在主要利用PCR技术扩增16S rDNA基因，或将DGGE与PCR扩增技术相结合，来鉴定微生物的种属，通过DGGE图谱分析微生物群落的变化，DGGE条带的位置和多少在一定程度上确实能反映细菌落结构和多样性，DGGE图谱也提供了一个在分子水平度量微生物群落多样性变化的方法，能补充传统培养技术的不足，对进一步研究微生物生态系统有重要意义。直接利用土著微生物菌群处理石油污染物虽然已有成功的事例，但在许多条件下，由于土著微生物菌群驯化时间长、生长速度慢、代谢活性不高，因而筛选一些降解污染物的高效菌种，是生物修复的必然要求。高效降解菌的选育是实现生物降解法的重要前提步骤，为石油污染的治理提供微生物基础。

本实验应用实验室筛选保藏的解烃菌JH、XB和LJ-5对石油污染土壤进行强化修复，培养一定时期后，提取适量土壤样品的总基因组，PCR反应后进行DGGE分析，通过DGGE图谱优势条带的亮度比较得出不同时期土壤样品中各菌株数量的动态变化，以期得到生物强化修复过程中的优势菌群，有助于分离和驯化高效的石油降解菌株，为利用微生物进行石油污染修复提供材料和理论依据。

第一节　微生物菌剂的制备

一、高效解烃菌的活化

将保藏的LJ-5、JH和XB菌株用划线平板法接到LB固体培养基上，在37℃恒温培养箱中培养2 d。从平板上划线分离纯化出单菌落，将它们分别接种到斜面培养基上保藏。观察单菌落的菌体形态和颜色特征。结果见图 5-1 和表 5-1。

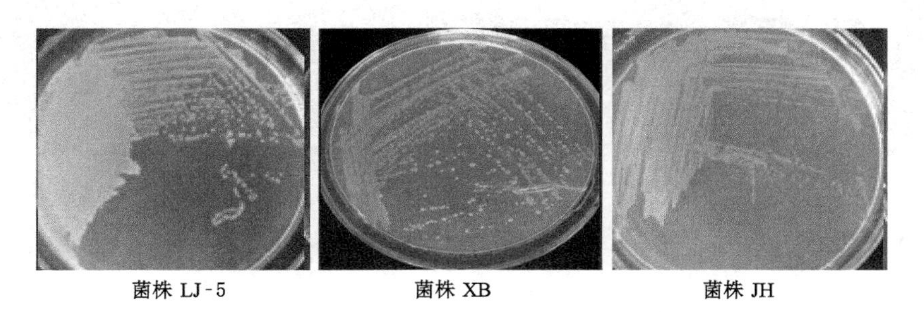

图 5-1 解烃微生物菌落照片

表 5-1 菌落形态观察结果

编号	菌落形态	颜色
LJ-5	菌落中等,表面湿润,圆形,扁平,半透明,边缘整齐	乳白色
XB	菌落较小,表面干燥,圆形,扁平,不透明,边缘整齐	白色
JH	菌落中等，表面湿润,圆形,凸起,不透明,边缘整齐	橘黄色

二、菌株的驯化培养

将活化的菌株进行驯化培养,将分离出的单菌落用灭菌牙签在无菌操作台上接种到 5 mL LB 液体培养基(酵母浸出膏 5 g,蛋白胨 10 g,NaCl 10 g,蒸馏水 1 000 mL,pH 7.2)中,于 37 ℃、150 r/min 条件下在摇床上培养过夜。然后取以 1%的接种量接种到 100 mL LB 液体培养基中。10 h 后以 10%的接种量接种到 100 mL 含 2%液蜡的 MSM 培养基(Na_2HPO_4 1.5 g,KH_2PO_4 3.48 g,$MgSO_4$ 4 g,酵母粉 0.01 g,蒸馏水 1 000 mL,液状石蜡 2%,pH 自然)中,37 ℃条件下往复振荡。3 d 后以此为种子液 10%的接种量接种到 100 mL MSM 培养基中,培养 3 d。根据液体的乳化程度评价液状石蜡的降解效果。降解效果见图 5-2。

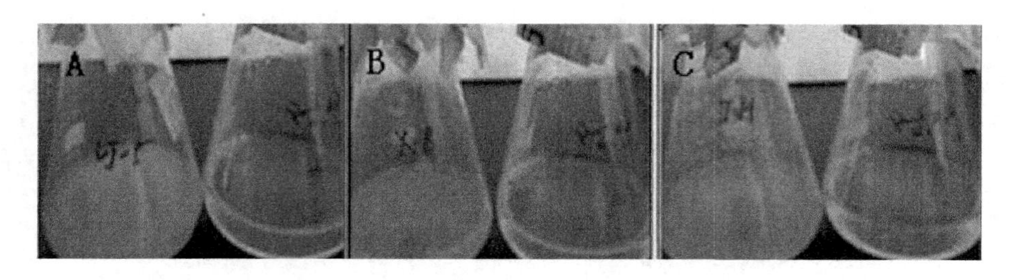

图 5-2　解烃菌株对液蜡的乳化效果

第二节　石油污染土壤处理的室内模拟

一、供试土壤

5 kg 供试土壤采自农田表层。将采集的土壤立即带回实验室，将 50 g 原油用石油醚溶解与土壤混合，搅拌混匀，置于通风橱内将石油醚挥发干净，并过 100 目筛。分别称取 1 kg 石油污染土样分装在编号为 1、2、3、4 和 5 号花盆中，置于室温，备用，原油由滨州油田提供。

土壤中所加原油的量为 2%。原油用石油醚溶解，混入土壤中，搅拌混匀，置于通风橱内将石油醚挥发干净，并过 100 目筛，备用。如图 5-3 所示。

图 5-3　石油污染土壤的生物修复过程
（自左向右依次是 1、2、3、4 和 5）

二、土壤基因组的提取

（一）提取方法的选择

PCR-DGGE 技术操作过程包含了一系列连续的环节，因此，每个环节不同方法的选择都会对最终 DGGE 图谱的分辨率产生影响，如 DNA 的提取、PCR

扩增、电泳时间、电泳温度、凝胶浓度和变性剂梯度等。李鹏等研究表明:两种不同的 DNA 纯化方式及 PCR 扩增方式对 DGGE 结果没有明显的影响,但不同的 DNA 提取方法对 DGGE 结果有明显的影响。

一般认为,DNA 提取方法有 3 种,分别是机械法、化学法和酶法。越来越多的研究者发现,用两种或多种 DNA 提取方法组合起来提取 DNA,能取得比用单纯一种方法提取更好的效果。因此,很多研究者经常把化学法和机械法或者酶法结合使用。冻融＋玻璃珠＋溶菌酶＋SDS 方法深受研究员的青睐。

（二）总 DNA 的提取结果

采用结合反复冻融、玻璃珠振荡、添加溶菌酶和 SDS 的物理提取和化学提取方法从 5 个不同时期采集的土壤中都提取出了总 DNA,经琼脂糖电泳后结果如图 5-4 所示。由图可见,用该方法提出的总 DNA,DNA 得率多并且其片段均比较大,少有断裂片断,有利于后续操作。

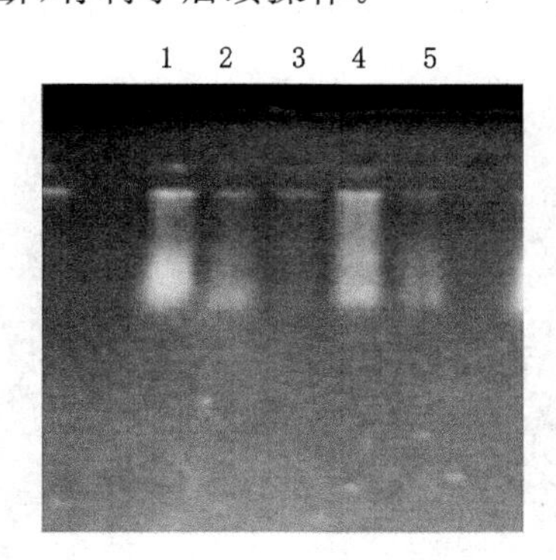

图 5-4 石油污染土壤样品 DNA 的提取结果

1——降解 10 d;2——降解 15 d;3——降解 20 d;4——降解 25 d;5——降解 30 d

（三）电泳定性检测 PCR 产物

以提取的 DNA 为模板,用 1406R-GC * /1055F 引物扩增 16S rDNA V9 区,得到目的产物。扩增所得到的条带较亮,说明产物浓度较高。因此用本实验方法从土壤中提取 DNA 较为可行,且所提 DNA 质量较高,如图 5-5 所示,可以不经过纯化直接进行后续试验。

（四）细菌 16S rDNA V9 区基因 DGGE 电泳

从 5 个土壤样中提取了菌体总 DNA,以菌体总 DNA 为模板,以 16S rDNA V9 高可变区序列引物进行 PCR 扩增。同时扩增得到了三株注入菌 LJ-1,XB 和 JH 的 16S rDNA V9 高可变区序列。在利用 DGGE 技术分析不同时期土样的 V9

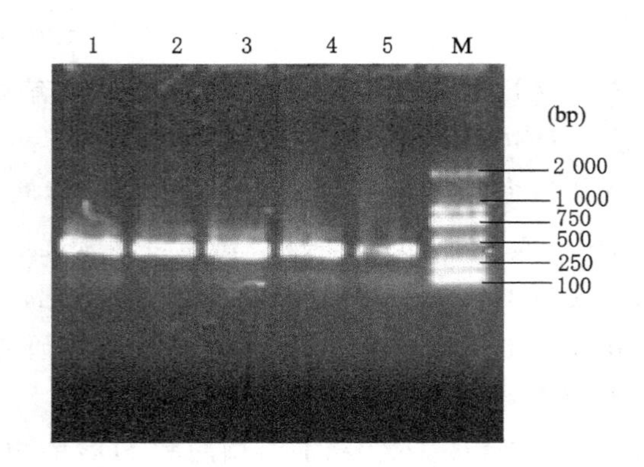

图 5-5　16S rDNA PCR 产物电泳检测结果

DNA marker；1——降解 10 d；2——降解 15 d；3——降解 20 d；4——降解 25 d；5——降解 30 d

高可变区时，以三株菌的 V9 区片断作为标记。DGGE 图谱如图 5-6 所示。

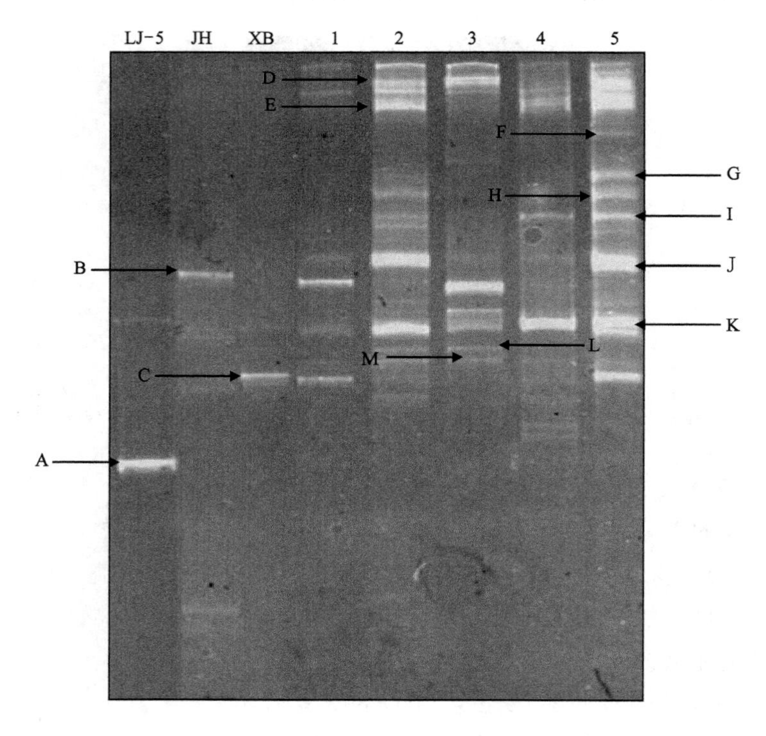

图 5-6　三株高温解烃菌 16S rDNA V9 区与土样总 DNA 的 DGGE 图谱比对

1——降解 10 d；2——降解 15 d；3——降解 20 d；4——降解 25 d；
5——降解 30 d；图中数字 A～M 代表切胶条带编号

前三条泳道代表纯菌株的 DGGE 指纹图谱，后五条泳道分别代表不同时期土壤样品中总微生物的 DGGE 指纹图谱。泳道中条带粗细不一，对应其在 DGGE 胶上的密度大小不同，密度大则条带比较粗；密度小则条带比较细，电泳条带越多，说明细菌种群越多，条带信号越强，表示该条带代表的相应细菌数量越多。由图 5-6 可知，外源混合菌剂中各菌种在不同时期土壤样品中均显示出不同的数量增减变化，并且土壤样品中表现出不尽相同的细菌群落结构组成，均具有较高的多样性。为了确定所研究的微生物群落结构及在微生物采油过程中内源微生物的变化情况，将 DGGE 图谱上的主要条带切割下来进行测序。DGGE 图谱上共分析了 13 个序列，经 NCBI 数据库比对，这 13 条序列所代表微生物的相关种属见表 5-2。

表 5-2　　不同时期样品中 13 株细菌测序结果

切胶序号	相似菌株	相似性
A	*Bacillus licheniformis*	99%
B	*Rhodococcus ruber*	99%
C	*Nocardia* sp.	99%
D	*Methylobacterium radiotolerans*	94%
E	*Methylobacterium radiotolerans*	90%
F	*Methylobacterium radiotolerans*	99%
G	*Acinetobacter calcoaceticus*	85%
H	*Uncultured bacterium*	88%
I	*Zunongwangia* sp.	79%
J	*Uncultured bacterium*	93%
K	*Aliihoeflea aestuarii*	94%
L	*Uncultured bacterium*	84%
M	*Klebsiella pneumoniae*	90%

在微生物强化修复过程中，出现了 10 个新的条带。条带 D、E 和 F 的核酸序列相似，并且与菌株 *Methylobacterium radiotolerans* 有不同程度的相似性。条带 H、I、J 和 L 均属于变形菌门。条带 K 与 *Aliihoeflea aestuarii* 的同源性为 94%，并成为该群落中的主要条带。这 10 个新条带代表了 5 个属，这几个属是重要的环境微生物菌群。条带 H、J 和 L 与未培养细菌(*uncultured bacteria*)的序列最为相似性，同源性在 84%～94%之间。G，I，K 和 M 分别与 *Acineto-*

bacter calcoaceticus（相似性 85%），其中 K 是在微生物修复过程中被激活的，成为该群落中的主要条带。*Zunongwangia* sp.（相似性 79%），*Aliihoeflea aestuarii*（相似性 94%）和 *Klebsiella pneumoniae*（相似性 97%）亲缘关系最为密切。这几个属也是重要的环境微生物菌群。在土样中没有监测到菌株 LJ-5，可能是因为该菌株解烃能力较低，无法适应该石油污染的环境。通过以上分析可知，在 DGGE 胶上条带所代表的微生物都是重要的环境微生物，跟烃类物质的降解密切相关。

第三节 石油污染土壤中石油降解率的测定

一、石油降解率监测

在石油污染土壤的生物修复过程中，每隔 5 d，从 A，B，C，D，E 5 个花盆分别称取 10 g 土壤测定土壤中的石油降解率。将土样经过石油醚萃取后，将装有萃取液的小烧杯放入烘箱中烘干，含有烘干后石油的小烧杯的重量 M_a 减去开始烘干至恒重小烧杯的重量 M_b，得到残留石油的重量，计算出含油率，通过含油率计算出石油降解率。以培养时间为横坐标，以石油降解率为纵坐标，用 Excel 绘制出石油降解率率曲线，结果见图 5-7。

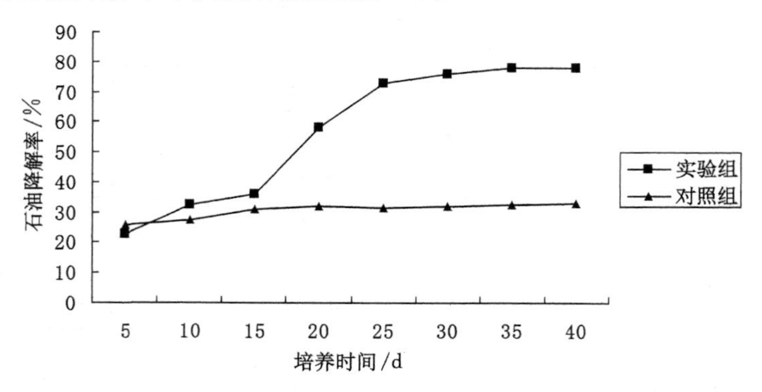

图 5-7 石油污染土壤的生物修复过程土壤中石油降解率

由图 5-7 可以看出在石油污染土壤的生物修复过程中，接入解烃菌 XB、JH 和 LJ-5 混合菌液的实验组中石油降解效果从第 15 d 到第 25 d 变化最显著，到第 35 d 时，土样中石油降解率达 75%。说明此混合菌群解烃效果较好，可进一步用于石油污染土壤生物修复的现场试验。

二、土壤脱氢酶活性的测定

（一）标准曲线的绘制

首先配置不同浓度的 TTC 系列溶液：从 TTC 溶液中移取 1 mL，2 mL，3 mL，4 mL，5 mL，6 mL，7 mL 放入 7 个 50 mL 的容量瓶中，定容到 50 mL。

取 7 支试管，分别加入 2 mL Tris-HCl 缓冲溶液、2 mL 无氧水、2 mL 不同浓度的 TTC 溶液，第八支为对照组。每支试管各加入 1 mL 10% Na_2S 溶液混合，摇匀，放置 20 min，使 TTC 全部还原成红色的 TF。各管加入 5 mL 丙酮，振荡摇匀以提取 TF，稳定数分钟。取下层的丙酮溶液在分光光度计上，波长 485 nm 比色。并以 TF 的含量为横轴，吸光度为纵轴，作出标准曲线。TF 标准曲线的绘制见图 5-8。

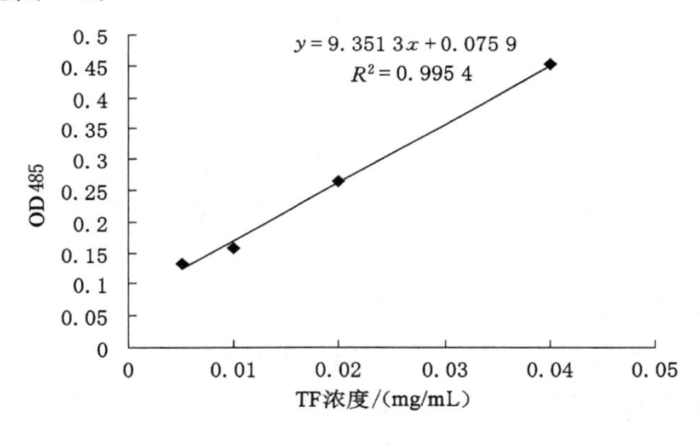

图 5-8　TF 标准曲线

（二）土壤脱氢酶的测定

将在石油污染土壤的生物修复过程中，每隔 5 d 采集的土样取 1 g 于 50 mL 三角瓶中，接种于 20 mL 基础培养基中，放少许灭菌后的玻璃珠，放入摇床震荡 2 h。将土壤混合液全部转入离心管离心，4 000 r/min，10 min，取出离心管，将上清液倒入 50 mL 容量瓶中，再用纯水离心洗涤三遍，上清液均倒入 50 mL 容量瓶中，洗涤后沉淀用纯水稀释并转移至另一 50 mL 容量瓶中，分别定容。从两个容量瓶中各分取 5 mL 混合液，分别加入 5 mL Tris-HCl 缓冲溶液 5 mL 蒸馏水及 10 mL TTC 溶液，同时从每个容量瓶中分别吸取 5 mL 混合液，加入 5 mL Tris-HCl 缓冲溶液 5 mL 蒸馏水及 10 mL TTC 溶液，再加入 0.5 mL 甲醛固定以作样品空白；将空白与待测样品分别在 37 ℃下振荡培养 30

min,然后向管内加入 2 mL 硫酸终止酶反应。向样品培养液及空白对照管内各加入 5 mL 丙酮萃取 TF,持续 10 min,3 000 r/min 离心 5 min 后取丙酮溶液,于波长 485 nm 的进行比色,记录吸光值,根据样品显色液与样品空白的吸光值的差,查标准曲线,进而得出脱氢酶的活性。结果见图 5-9。

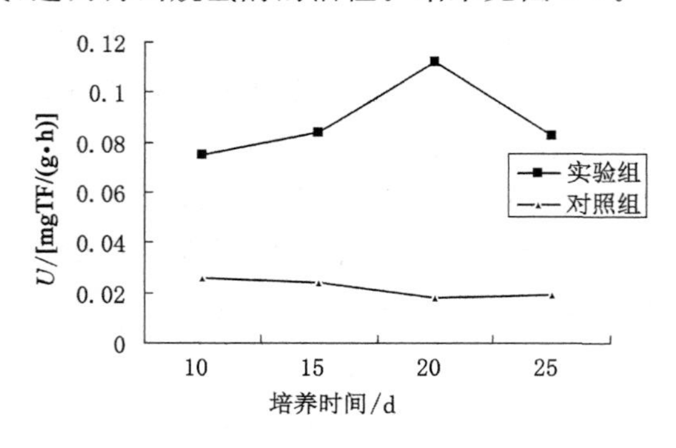

图 5-9　土壤脱氢酶活性曲线

由图 5-9 可以看出,在石油污染土壤的生物修复过程中,土壤脱氢酶活性从第 10 d 开始升高,到第 20 d 达最大值为 0.112U,说明从第 10 d 开始菌群总数开始增加到第 20 d 达最大值。

（三）土壤中微生物菌数变化情况

菌悬液的制备和涂布过程如下:称取待测土样各 10 g,放入盛有 90 mL 无菌水并带玻璃珠的三角烧瓶中,高速振摇约 20 min 使土样与水充分混合,使细胞分散,梯度稀释取并涂布,培养 16 h 后,计数每个平板上的菌落数。在记下各平板的菌落总数后,求出同稀释度的各平板平均菌落数,计算处原始样品每克中的菌落数。结果见图 5-10。

由图 5-10 可以看出,在石油污染土壤的生物修复过程中,从第 15 d 开始微生物菌群生长进入对数期,并在第 20 d 时达最大值为 3.31×10^{4} cfu/g 土壤。这与石油降解率在 20 d 时变化最显著是吻合的。同时,对涂布所得的菌落进行形态学观察也发现,接入的外源菌 XB 和 JH 在该修复过程中一直是优势菌,菌株 LJ-5 在修复过程中逐渐减少至消失,这充分表明菌株 LJ-5 不适用于石油污染土壤的生物修复过程,而解烃菌 XB 和 JH 在石油污染土壤的生物修复中有很好的应用前景。

（四）土壤的含油率

称取 A,B,C,D,E 5 个花盆中的土样各 10 g,分别加入到 5 个 100 mL 的锥

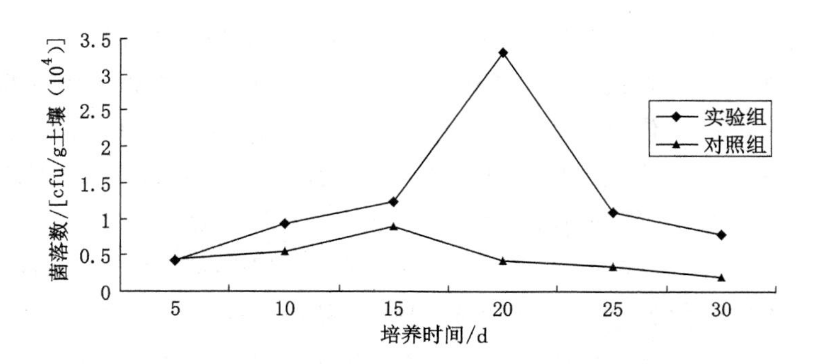

图 5-10　石油污染土壤的生物修复过程菌数变化情况

形瓶中，再加入 10 mL 石油醚，使土壤充分溶解于石油醚中。静置后，将上清液吸出，转入到已烘至恒重的 100 mL 的小烧杯中，即可得溶有石油的石油醚溶液。将小烧杯放入 65 ℃烘箱中烘干，把带有已烘干石油的小烧杯称重。带有已烘干石油的小烧杯重量记为 M_a，烘至恒重的小烧杯重量为 M_b，依据下面的公式：

$$土壤含油率 = \frac{M_a - M_b}{10} \times 100\%$$

根据土壤含油率计算出石油降解率。

在微生物强化修复过程中不同时期取样测定土壤样品的含油率，见图5-11。

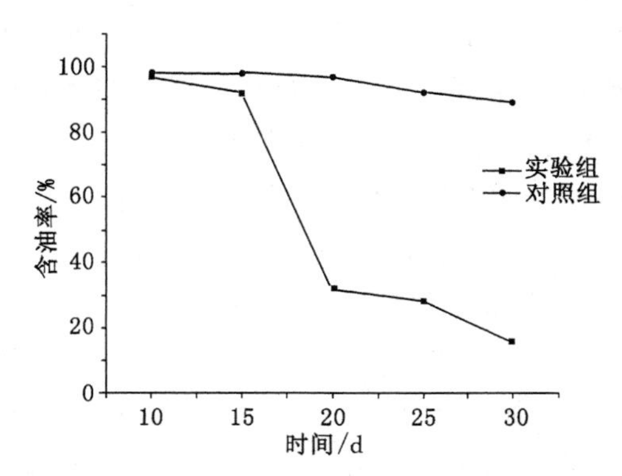

图 5-11　修复过程中土壤中含油率变化情况

结果显示，向土壤中加入混合外源菌剂并培养 10 d、15 d 后，测得土壤含油量较高。到第 20 d 时之后取样测量，土壤中含油量大幅度降低，这主要是与外源菌剂和内源微生物协同发挥降解能力有关系。结合图 5-6 和图 5-7 中的时间坐标，我们可以发现石油污染土壤中含油率和 DGGE 图谱中细菌条带的数量和密度有关。例如，在修复时间 20 d 时，土壤样品含油量很低，DGGE 图谱上条带数量较多，亮度也很小，特别是 LJ-5 消失了。而到了 25 d 以后，DGGE 图谱上 DNA 条带明显增多，原油含量也大幅度降低。外源混合菌群和内源菌对原油的降解都起到了一定作用。通过注入外源菌，土壤中的内源菌被大量激活，注入的外源菌和激活的内源菌形成了新的微生物群落体系，共同促使了土壤中原油率的降低。PCR-DGGE 技术成功的运用到了石油污染土壤微生物修复过程中内外源微生物群落的检测中，同时也为我们有选择性地从土样中分离筛选功能性微生物菌株提供了大量的信息。

三、结论

本章应用 PCR-DGGE 为主的一系列分子生物学技术，研究了添加外源的混合菌剂在对石油污染土壤微生物修复过程中的数量变化以及整个修复过程中土壤中内源菌降解烃类功能的激活。

(1) 采用 PCR-DGGE 技术研究表明，在外源混合菌剂强化修复的前期，JH 和 XB 均能稳定存在，DGGE 图谱中条带较密，亮度较强，而 LJ-5 在前期没有相应条带；修复中期时 JH 和 XB 菌种都出现了一定程度的不适应性，数量减少，条带不明显，修复能力降低，而 LJ-5 依然没有对应的条带；后期时图谱中土壤样品中还是没有出现与菌株 LJ-5 相对应的条带，由此可知可能是菌种未能完全适应石油环境而死亡，不能充分发挥出降解石油的特性；而 XB 和 JH 在经过一段时期的适应后，修复后期中作用显著，解烃能力较强。整个修复过程中，土壤中微生物群落结构发生改变，其代谢能力发生了变化，较好地反映了微生物数量的动态变化。同时可以发现，整个修复过程中土壤中某些内原菌的降解烃类的能力被激活，加速了烃类的降解进程。

(2) 实验室中保藏的 3 株解烃菌 XB、JH 和 LJ-5 在液蜡中驯化时对液蜡乳化程度较高，具有优良的解烃能力。在石油污染土壤的生物修复过程中，从第 15 d 开始微生物菌群生长进入对数期，并在第 20 d 时达最大值为 3.31×10^{4} cfu/g 土壤。这与石油降解率在 20 d 时变化最显著是吻合的，石油降解率最后可达 75%。同时，对涂布所得的菌落进行形态学观察也发现，接入的外源菌 XB 和 JH 在该修复过程中一直是优势菌，菌株 LJ-5 在修复过程中逐渐减少至消失，这充分表明菌株 LJ-5 不适用于石油污染土壤的生物修复过程，而解烃菌

XB 和 JH 在石油污染土壤的生物修复中有很好的应用前景。

(3) 虽然实验室条件下模拟混合解烃菌群对石油污染土壤的修复取得良好的效果，但是在现实应用中还需考虑天气和 N、P 等营养物质的补充等原因对石油降解的影响，如果对这些因素加以改善和控制，微生物修复石油污染土壤技术从实验室中走到实际应用将不再遥远。

目前，DGGE 技术是研究微生物群落变化最有效的方法，它能较全面的揭示了人工模拟石油土壤中微生物的组成，并且准确的显示出微生物数量的动态变化。但是与其他技术一样 DGGE 技术也存在一定局限性。Muyzer 等指出 DGGE 技术只能对微生物群落中数量大于 1% 的优势种群进行分析，还不能完整地反映复杂环境中微生物的群落。DGGE 检测的 DNA 片段长度范围以 200～500 bp 为好，超出此范围的片段分离效果较差。随着研究的深入，DGGE 技术将会得到不断改善和完善，为人类更进一步认识微生物提供可靠的理论依据。

第六章 高效固定化石油烃降解菌的构建及其降解特性研究

随着石油资源的不断开采与利用,各种漏油事件层出不穷。若泄漏的石油进入土壤生境,被土壤颗粒吸附,将会很难被清除。长时间存在土壤中,会破坏土壤结构,改变土壤的理化性质,迫使土壤生物的丰度下降。因此,对石油污染土壤或水体的修复成为亟待解决的问题。在石油污染修复技术中,微生物修复技术具有安全、高效、不产生二次污染等优点,成为人们处理和处置石油污染的重要手段。虽然土壤中的某些土著微生物可以降解原油,但由于单位菌浓度较低或受限于环境因素的影响,土著微生物并不能很好的降解原油。然而固定化微生物技术是一种高效、可重复、抗胁迫性好和不产生二次污染的治理技术,具有微生物单位密度高、微生物流失少、产物易分离、反应过程易控制的优点。目前,石油烃降解菌主要为假单胞菌属、弧菌属、芽孢杆菌属、不动杆菌属、棒状菌属等。关于石油降解菌的固定化技术已有报道,固定化手段和材料丰富多样,关晓燕等报道了利用聚氯酯泡沫为载体制备固定化菌的研究;单海霞等以硅藻土/活性炭作为降解菌群的固定化载体,对最佳固定化条件进行研究。

本章围绕黄河三角洲耐盐石油烃降解菌开展,筛选出高效耐盐石油烃降解菌,对其进行固定化包埋,研究了包埋材料的物理性能,并对包埋后的菌株进行耐盐性与降解性能的研究。

第一节 菌种分离及鉴定

一、菌落形态特征

采自黄河三角洲某油井附近的黑色油渍土,采用多点取样,去表层 5～10 cm 的土壤。取完后,密封,带回实验室。过 2 mm 筛,重新密封,置于 4 ℃冰箱保存备用。将 2 g 原油污染土样加入到 200 mL 液蜡液体培养基中,180 r/min,37 ℃,振荡培养 3 d,待培养液表面混浊后,吸取 10 mL 培养液转接到新的液蜡无机盐培养基中，培养条件保持不变，连续转接培养数次，直到培养液中的液蜡得到较好的乳化，再吸取 10 mL 培养液转接到原油无机盐培养基中，富集数次，直到原油有较好的降解。将富集培养液进行梯度稀释，涂布于分离培养基中，37 ℃培养 2 d，待长出菌落后挑取不同形态和颜色的单菌落分别再划线接种于含 5 g/L 原油的分离培养基中，连续转接培养 3 次，得到的单菌落即为石油降解菌。

从受石油污染的土壤样品中分离得到 1 株高效石油烃降解菌 BZ-L，该菌在 28 ℃下培养时，产红色素使菌落呈红色；而在 37 ℃下培养，菌落呈橘红色，圆形，边缘整齐，表面光滑不透明，易挑取，革兰氏染色为阴性，菌落形态照片如图 6-1(a)所示；图 6-1(b)为菌株 BZ-L 的显微镜照片。

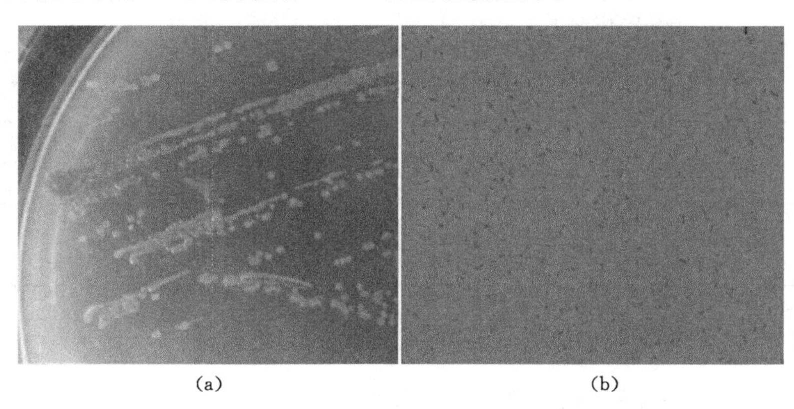

(a)　　　　　　　　　　(b)

图 6-1　菌株 BZ-L 的形态照片

(a) 平板观察；(b) 显微镜观察

二、菌株生理生化特征鉴定

菌株的生理生化鉴定，参照《常见细菌系统鉴定手册》。经鉴定，菌株 BZ-L 可利用葡萄糖、蔗糖、D-果糖发酵产酸，不能利用 D-阿拉伯糖、D-木糖；不能利用尿素、精氨酸，不能产生硫化氢；甲基红、丙二酸、明胶、酯酶、柠檬酸盐、赖氨酸脱氢酶、鸟氨酸脱氢酶、V-P 反应都为阳性(表 6-1)。

表 6-1　菌株 BZ-L 的生理生化特征

项目	鉴定结果
甲基红	+
明胶	+

续表 6-1

项目	鉴定结果
硫化氢	—
尿素	—
酯酶	+
精氨酸	—
V-P 试验	+
丙二酸盐	+
柠檬酸盐利用	+
葡糖糖试验	+
蔗糖	+
D-果糖	+
D-木糖	—
D-阿拉伯糖	—
赖氨酸脱氢酶	+
鸟氨酸脱氢酶	+

注：+为阳性反应；—为阴性反应。

三、菌株 BZ-L 的 16S rRNA 序列分析

将筛选得到的菌株进行 DNA 提取后，利用细菌 16S rRNA 基因通用引物 27F 和 1492R 来扩增 16S rRNA 基因序列。PCR 反应体系的反应条件为：94 ℃预变性 5 min，94 ℃变性 1 min，55 ℃退火 1 min，72 ℃延伸 1 min，30 个循环，72 ℃延伸 10 min。扩增产物经电泳检测后送北京生物工程公司检测。测序结果在 NCBI 网站进行 BLAST 比对。由图 6-2 可以看出，基于 16S rRNA 序列的系统发育树中，菌株 BZ-L 跟黏质沙雷氏菌(*Serratia marcescens*)的同源性最近，相似度达到了 99%。

参照《常见细菌系统鉴定手册》，结合 16S rRNA 序列分析，菌株 BZ-L 初步鉴定为黏质沙雷氏菌属，命名为 *Serratia* sp. BZ-L。

四、菌株 BZ-L 对液蜡的乳化

向液蜡无机盐培养基中，接种适量的 BZ-L 菌株，在 180 r/min，37 ℃，振荡培养 3 d(定为实验组 A)；并设置对照组 B，B 为不添加菌株的液蜡无机盐培养

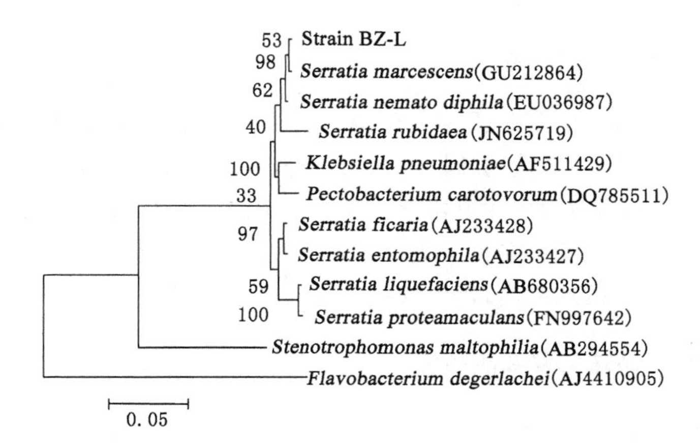

图 6-2　BZ-L 与相关菌株的系统发育树

基。结果表明，菌种 BZ-L 对液蜡具有较强的乳化效果，如图 6-3 所示。

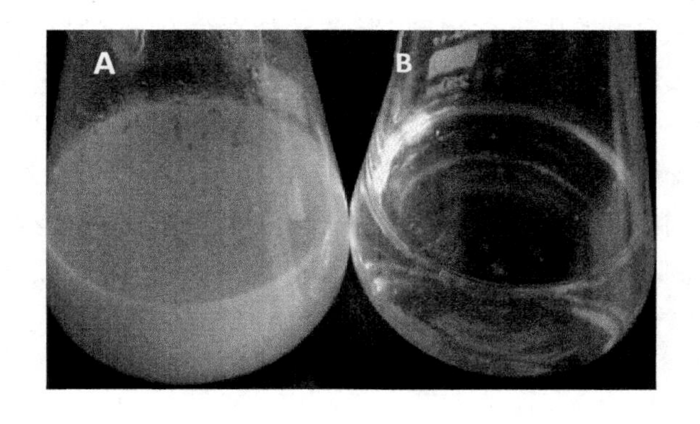

图 6-3　菌种 BZ-L 对液蜡的乳化（A:实验组；B:对照组）

第二节　高效固定化菌的构建

一、细胞悬浊液的制备

将得到的石油降解菌株接种于牛肉膏蛋白胨液体培养基，37 ℃恒温摇床振荡培养 18 h，取培养液 8 000 r/min 离心 5 min，弃上清液，加入无菌水重悬，使菌悬液中的细胞浓度为 1.2×10^{8} 个/mL，保存备用。

二、固定化微球的制备

采用注射器滴落法制备固定化微球。将适量含量的海藻酸钠放入小烧杯中加热溶解后，与不同含量的活性炭混匀，冷却到室温后，与制备好的菌悬液按一定比例混合均匀，然后用注射器滴入含有一定浓度 $CaCl_2$ 的溶液中成球，整个反应过程在 0～4 ℃、搅拌条件下进行。然后置于冰箱中继续反应一段时间，反应完成后将固定化微球取出，用生理盐水洗涤待用。

三、固定化微球物理性能测定

（一）固定化微球的破碎率

取形态、大小相同，具不同碳含量的固定化微球各 50 颗，放入装有 100 mL 蒸馏水的 250 mL 锥形瓶中置于 37 ℃、160 r/min 恒温摇床中振荡，72 h 后开始记录微球的破碎颗数并计算破碎率。

制备不同碳含量的固定化微球，碳含量分别为 0%、0.4%、0.8%、1.2%、1.6%，对固定化微球的机械强度进行测定，结果如图 6-4 所示。由图 6-4 可知，当活性炭含量在 0%～0.8%之间时，破碎率随着碳含量的提高而下降，是由于活性炭可以提升固定化微球的韧性；但当碳含量大于 0.8%，微球的破碎率又反而上升，这时可能是由于活性炭的过多加入导致固定化微球空隙过大、松散所致。因此，应选取碳含量为 0.8%的微球，此时的破碎率只为 8.0%。

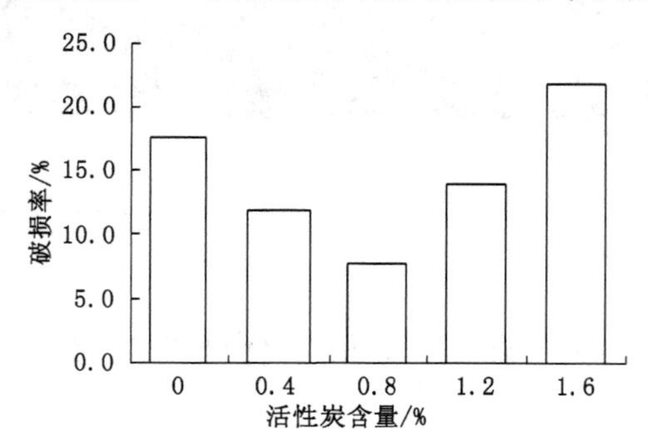

图 6-4　碳含量对固定化微球机械强度的影响

（二）固定化微球的渗透率

随机取相同颗数不同碳含量的固定化微球。浸入墨水中，每隔 4 min 取球剖开，直到微球被墨水完全渗透为止，记录所需的时间。据公式 3-1 计算渗透率(%)。

$$透率率=渗透时间/微球半径\times100\% \tag{3-1}$$

制备不同碳含量的固定化微球,碳含量分别为 0%、0.4%、0.8%、1.2%、1.6%,对固定化微球的通透性进行测定,结果如图 6-5 所示。由图可知,当活性炭含量达到 0.8%时,再增加碳含量,固定化微球被完全渗透的时间也不再缩短。此时,对应的最小渗透时间为 16 min。

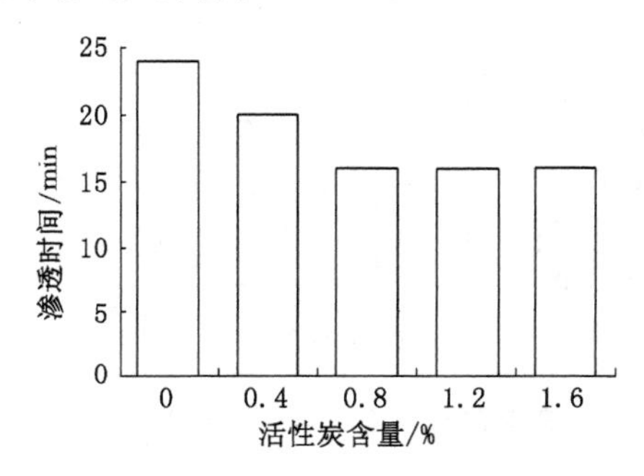

图 6-5　碳含量对固定化微球通透性的影响

四、原油降解率的测定

(一) 游离菌培养基中原油含量的测定

取 50 mL 正己烷于待测溶液中,用胶塞塞紧瓶口,置于 160 r/min 的摇床中 10 min 后取出,待分层后用移液枪移取上层液 20 μL 于 10 mL 比色管中,用正己烷定容到 10 mL,在 229 nm 处,用 10 mm 石英比色皿,以正己烷做参比,测量吸光度,每个样品重复测定 3 次。再根据原油标准曲线的回归方程 $Y=19.392X+0.1185$($R^2=0.9994$)计算油浓度。式中 Y 为吸光度;X 为油浓度(mg/L)。

(二) 固定化菌培养基中原油含量的测定

将固定化微生物置于原油无机盐培养基中,37 ℃振荡培养 10 d,测其原油降解率。由于固定化载体材料表面会吸附原油,简单的萃取不能将原油全部萃取。首先向原油培养基中加入 50 mL 正己烷,于摇床震荡 30 min,萃取剩余原油,然后将固定化微生物用无水硫酸钠脱水,用正己烷作溶剂,索氏抽提 8 h。将两部分含油溶液相加,稀释一定倍数后用紫外分光光度计测定吸光度。

(三) 固定化微球物理性能测定

制备不同碳含量的固定化微球,碳含量分别为 0%、0.4%、0.8%、1.2%、

1.6%，对固定化微球的机械强度进行测定，结果如图6-6所示。由图可知，当活性炭含量在0～0.8%之间时，破碎率随着碳含量的提高而下降，是由于活性炭可以提升固定化微球的韧性；但当碳含量大于0.8%，微球的破碎率又反而上升，这时可能是由于活性炭的过多加入导致固定化微球空隙过大、松散所致。因此，应选取碳含量为0.8%的微球，此时的破碎率只为8.0%。

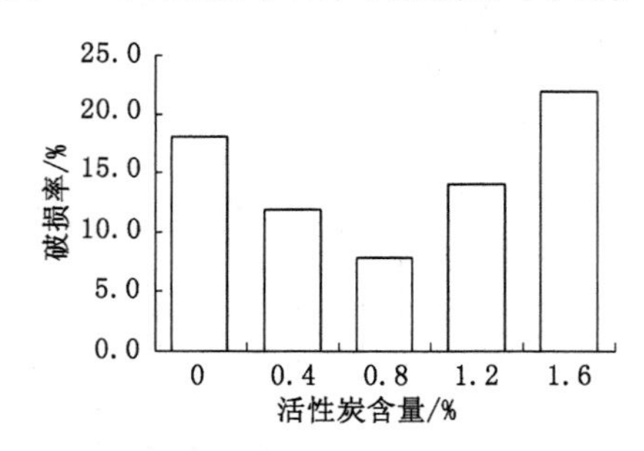

图6-6　碳含量对固定化微球机械强度的影响

制备不同碳含量的固定化微球，碳含量分别为0%、0.4%、0.8%、1.2%、1.6%，对固定化微球的通透性进行测定，结果如图6-7所示。由图可知，当活性炭含量达到0.8%时，再增加碳含量，固定化微球被完全渗透的时间也不再缩短。此时，对应的最小渗透时间为16 min。

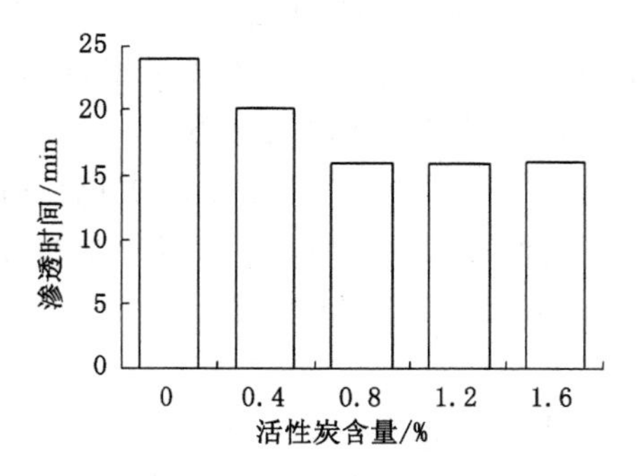

图6-7　碳含量对固定化微球通透性的影响

（四）固定化微球运行的影响因素

1. 最适接种量

把制备好的固定化微球，以不同的质量比例接种到含原油的无机盐培养基中。从图6-8可以看出，随着接种量的逐步提高，固定化菌种BZ-L对原油的降解率也不断增大；当接种量达到35.0 g/L时，固定化菌种BZ-L对原油的降解率达到 58.3%为最大值；再增大接种量时，固定化菌种 BZ-L 对原油的降解率下降。可能是由于菌密度过大，菌种之前产生激烈竞争，以致原油的降解率下降。

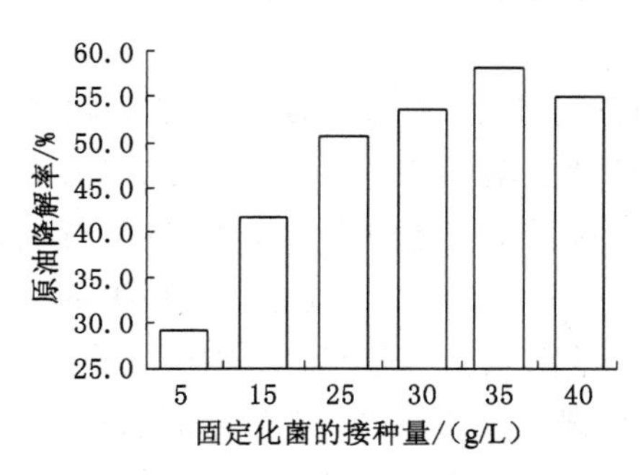

图 6-8　接种量对原油降解率的影响

2. 固定化微球运行的最适盐度

分别设定盐度为 0.5%、1.0%、2.0%、4.0%、6.0%、10.0%、15.0%，以游离菌作对比，测定原油降解率，以确定固定化菌 BZ－L 在含油培养基中的最佳盐度范围。从图 6-9 可以看出，固定化微球的最佳降解盐度为 6.0%，此时对应最大降解率为 61.7%。而游离菌 BZ-L 最佳降解盐度只为 4.0%。不论游离菌还是固定化菌在盐度高达 10.0%以上时，也都有较好的降解效果，且在相同盐度下，固定化微球的抗外界盐胁迫的能力明显好于游离的同株菌。

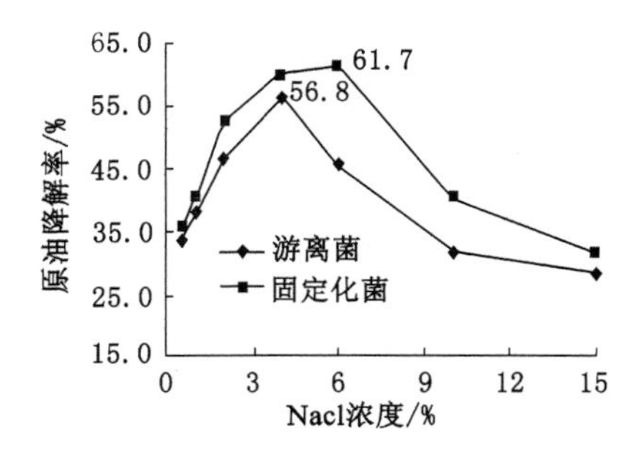

图 6-9　盐度对原油降解率的影响

五、结论

(1) 目前报道的石油降解菌多为假单胞菌、芽孢杆菌等，对沙雷氏菌属降解石油的研究较少。本实验筛选得到的黏质沙雷氏菌，对石油的降解率达到了

56.8%。虽然不如Muthuswamy等研究了芽孢杆菌、假单胞菌对石油烃的降解效果好,但本实验所筛选得到的菌株对烃类物质(液蜡)具有较优的乳化效果,并且该菌株有较好的耐盐性能,在NaCl质量浓度为4%时对石油烃的降解效果最好。

(2)土壤温度、湿度、盐浓度、石油浓度等都是影响微生物修复活动的重要因子。例如在黄河三角洲土壤环境中,由于盐碱度普遍高于其他地区,所以相应的土壤微生物丰度也应低于其他地区。这种状况,可能有利于土著降解菌摆脱其他微生物的过多制约;也可能由于微生物的种类的缺乏而使微生物之间的协同作用被削弱。实验结果表明,固定化微球的最适接种量为35 g/L,其最适降解盐度为6.0%,与游离菌相比较,其抗盐度胁迫的能力得到了提升。并且在盐度高达10.0%以上时,不论该菌以游离状态还是固定化状态,都有较好的降解效果,说明此株菌较大多数其他微生物更适合盐碱环境,利于石油污染的盐碱土壤修复。

第七章　生物乳化剂产生菌的分离和特性分析

目前，石油污染是我国面临的主要污染问题之一，某些地区由于石油污染导致环境恶化甚至生物绝迹。由于石油烃类化合物的水不溶性，限制了活性微生物与底物的作用；乳化剂可以将油滴乳化成许多细小的颗粒，从而会增大油滴可利用的表面积，有利于微生物的直接接触和利用，可以极大地改善微生物对油污土壤的净化效果。而人工合成的乳化剂不仅存在二次污染，甚至还会对某些石油降解微生物产生毒害和抑制作用。因此，环境友好且可以提高石油烃类与活性微生物作用效率的生物乳化剂的研究与应用成为石油污染治理中的又一研究热点。生物乳化剂是一类由生物产生的具有表面活性的大分子化合物，具有减小表面张力、稳定乳化、增加泡沫等作用。它们的表面活性作用以及对温度和 pH 的稳定性等各个特性均与化学合成的乳化剂相似，而且还具有一般的化学合成乳化剂所没有的优点，即与环境的兼容性，也就是说，它没有毒性并可被生物降解，因此它们不会对环境造成不利的影响。正因为具有这些优点，生物乳化剂在石油开采、环境治理以及食品饮料、化妆品生产等领域具有广阔的应用前景。生物乳化剂应用于环境污染，尤其是石油污染的生物治理，在国外已有一些成功的先例，而我国在此方面的研究却鲜有报道。国外早在 20 世纪 60～70 年代就对生物乳化剂进行了广泛的研究，研究发现，许多降解烃类的微生物能产生生物乳化剂，尤以铜绿假单胞菌层（*Pseudomonas*）、不动杆菌属（*Acinetobacter*）、无色杆菌属（*Achromobacter*）、节杆菌属（*Arthrobacter*）、短杆菌属（*Brevi-bacterium*）、棒状杆菌属（*Corynebacterium*）、假丝酵母菌属（*Candida*）和红酵母菌属（*Rhodotorula*）等属为最。

目前研究较多的生物乳化剂主要有有三种：Emulsan、Alasan 和 Liposan。据有关文献报道，1979 年 Belsky 等第一次从乙酸不动杆菌（*Acinetobacter calcoaceticus*）RAG-1 中分离出了生物乳化活性物质 Emulsan。它能使原油分散开来，并且形成稳定的石油乳状液。Emulsan 是由乙酸不动杆菌 RAG-1 以乙醇为碳源发酵产生的胞外乳化剂。RAG-1 可以在不同的碳源中生长，如原油、脂肪烃类、醇、有机酸、甘油三酯等，NH_4^+、尿素、硝酸盐和氨基酸都可以作为氮源。对该乳化剂的研究表明:Emulsan 的产生特点是在细胞生长指数期早期聚集在细胞表面,当细胞进入生长稳定期时,大约有 80%的 Emulsan 释放出来。1995 年 Navon-Venezia 等人又从抗辐射不动杆菌 Acinetobacter radioresistens KA53 以乙醇为碳源的发酵液中分离出一种由杂多糖和蛋白组成的阴离子乳化活性物质 Alasan。Alasan 是 Acinetobacter radioresistens KA53 以酒精为碳源发酵得到的。该菌的生长温度范围为 37～41 ℃,在 45 ℃时不生长。1984 年 Cirigliano 等人从嗜石油假丝酵母 Candida Petrop Hilum 发酵烃类物质,得到了由碳氢化合物和蛋白质组成的活性物质 Liposan。Liposan 是由嗜石油假丝酵母 27 ℃发酵烃类物质得到的由碳氢化合物和蛋白质组成的胞外乳化剂。该菌在以葡萄糖为碳源生长时,几乎不产乳化剂。2007 年 Dastgheib 等人自 Persian 油田中分离出一株嗜热厌氧乳化剂产生菌,16S rRNA 分析和生理生化鉴定为芽孢杆菌(*Bacillus licheniformis*),命名为 ACO1。该菌不降解烃,但可利用葡萄糖、蔗糖、果糖、乳酸、酵母提取物、蛋白胨等产生乳化剂。该菌产乳化剂的最佳条件是以酵母提取物为碳源,$NaNO_3$ 为氮源,静止培养。该乳化剂是由酒精沉淀发酵液上清提取得到,粗提乳化剂乳化活性为发酵液乳化活性的 30%。该菌可在 60 ℃,NaCl 浓度为 180 g/L 的条件下生长,最适生长条件为 4%(w/v)NaCl,pH=8.0,45 ℃。

虽然目前所知道的产生生物乳化剂的微生物越来越多,但根据报道得知大多数此类微生物培养条件十分苛刻,培养温度范围较小,营养成分复杂,并且乳化剂乳化性能较低,限制了微生物乳化剂在实际生产中的应用。除此之外,针对黄河三角洲内特殊的盐碱性土壤,此类微生物的生长繁殖又是一棘手的问题。因此,如何获得耐盐碱产乳化剂的微生物以及获得最佳生产条件和乳化性能而产生高效乳化效果成为研究的重点,也是本实验的重点研究内容。

第一节　生物乳化剂产生菌的分离

一、菌株分离

从滨州市市郊石油开采区附近石油污染农田采集土样,将在不同地区采集的 7 份土样编号,称取定量土样于液蜡培养基中进行富集。培养温度 37 ℃,180 r/min 摇床震荡培养,时间 7 d,富集 3～5 次。将富集液进行稀释涂布,培养基采用LB培养基分离纯化。将分离得到的20株菌株进行分离纯化以备后期乳化性能的测定。

经过富集培养，平板分离，获得20株菌株，其中有4株具有明显的乳化效果，结果如图7-1所示。将该4株菌株分别命名为F-3、FB-3、FB-8和FB-11。

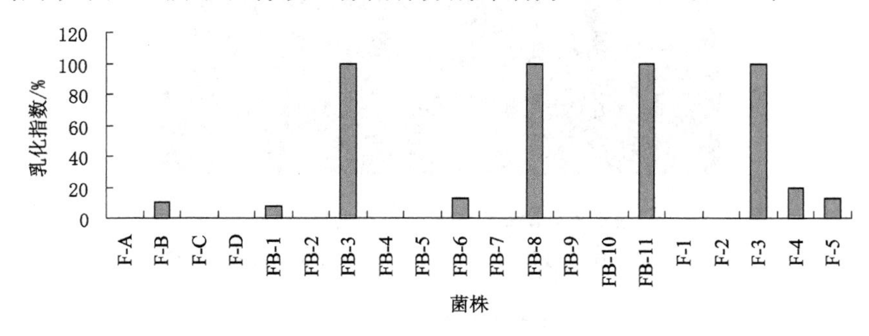

图7-1　分离到的20株菌株的乳化性能

二、生物乳化剂的乳化性能

将分离到的菌株接种到LB液体培养基中，37 ℃，180 r/min摇床过夜培养。取16个试管，加入3 mL柴油作为测试烃和6 mL发酵液，涡旋振荡器充分震荡1 min，静止2 h，以乳化指数(EI_{24}＝乳化层高度/有机相总高度)表示乳化剂的乳化活性。同时以未接种菌株的空白培养基作为对照。通过观察测定乳化层及乳化指数来确定目的菌株。

菌株F-3、FB-3、FB-8和FB-114在生长代谢过程中，可产生对烃具有良好乳化作用的乳化活性物质。将4株菌株发酵液6 mL和$0^{\#}$柴油3 mL混合体系涡旋震荡1 min，静止2 h后，可观察到4株菌的发酵液对0^{3}柴油都有明显乳化层，且乳化状态稳定，EI_{24}达到100％。该结果说明4株菌株产生的乳化活性物质具有良好的乳化性能；可将烃类完全乳化，并形成稳定的乳状液。以相同条件下，用相同体积的蒸馏水与$0^{\#}$柴油混合体系作为对照(见图7-2)。

同时测定了菌株F-3、FB-3、FB-8、FB-11发酵液的表面张力，其结果如表7-1所示，虽然4株菌株发酵液的乳化能力都达到了100％，但是没有明显的降低表面张力的能力。利用显微镜观察了乳化液中乳化颗粒的大小，发现菌株FB-8乳化颗粒平均值最小(图7-3)。4株菌发酵液的乳化指数均为100％，但FB-8菌株乳化效果最好。

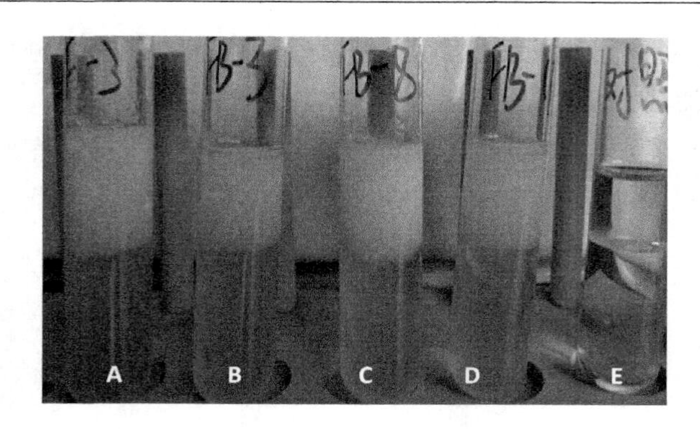

图 7-2　菌株发酵液对柴油的乳化作用

（A——F-3；B——FB-3；C——FB-8；D——FB-11；E——对照）

表 7-1　　4 株菌株乳化能力分析

菌株	乳化活性/%	乳化颗粒直径/μm（随机 10 个颗粒的平均值）	表面张力/($mN \cdot m^{-1}$)
F-3	100	159.8	44.111
FB-3	100	39.4	47.507
FB-8	100	16.5	46.954
FB-11	100	25.2	51.496
空白培养基	0	0	49.758
蒸馏水	0	0	70.175

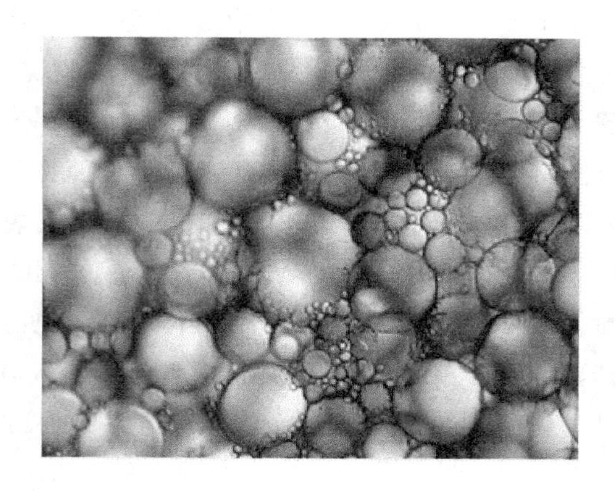

图 7-3　菌株乳化颗粒的显微观察（1 000×）

第二节 菌株产生乳化剂的乳化条件分析

一、菌株乳化剂乳化底物分析

将菌株 F-3、FB-3、FB-8、FB-11 菌株的发酵液 6 mL 分别与 3 mL 柴油、二甲苯、液状石蜡、正己烷混合，涡旋振荡 1 min，静止 2 h 后，可观察到 4 菌株对这些底物都有很好的乳化效果，乳化指数 EI_{24} 为 100%，结果如图 7-4 所示。

图 7-4 4 种菌株对 4 种烃类的乳化效果

（A 组为 F-3，其中 A-1 到 A-5 依次为柴油、二甲苯、石蜡、正已烷和对照；B 组为 FB-3，其中 B-1 到 B-5 依次为柴油、二甲苯、石蜡、正已烷和对照；C 组为 FB-8，其中 C-1 到 C-5 依次为对照、柴油、二甲苯、石蜡和正已烷；D 组为 FB-11，其中 D-1 到 D-5 依次为对照、柴油、二甲苯、石蜡和正已烷）

二、菌株乳化初始盐浓度分析

将菌株 F-3、FB-3、FB-8 和 FB-11 分别接入不同盐浓度的培养基中，37 ℃，180 r/min 摇床过夜培养后，测定发酵液的 OD_{600} 值；取 6 mL 发酵液与 3 mL 柴油混合后涡旋振荡 1 min，静止 2 h，观察其乳化效果，以未接菌的空白培养基作为对照，以此确定不同盐浓度下菌株的生长与乳化剂产生情况的关系。结果如图 7-5 所示，菌株 F-3 生长耐受的盐浓度范围是 0%～6%，在 0%～4%盐浓度下能够产生生物乳化剂并且乳化指数都为 100%，但盐浓度高于 5%虽然菌株能生长，但不产生生物乳化剂；菌株 FB-3 生长耐受的盐浓度范围是 0%～7%，且最适生长盐浓度为 2%，但在盐浓度 2%以上就不再产生生物乳化剂；菌株 FB-8 生长耐受的盐浓度范围是 0%～6%，最适生长盐浓度为 2%，在 0%～4% 盐浓度下能够产生生物乳化剂并且乳化指数都为 100%；菌株 FB-3 生长耐受的盐浓度范围是 0%～7%，FB-11 菌株生长能耐受 7%的盐浓度，在 0%～4%盐浓度下能够产生生物乳化剂并且乳化指数都为 100%。由此可见，分离到的 4 株菌株都能够在高盐环境中生长，菌株 F-3、FB-8 和 FB-11 在高盐下产生大量生物乳化剂。

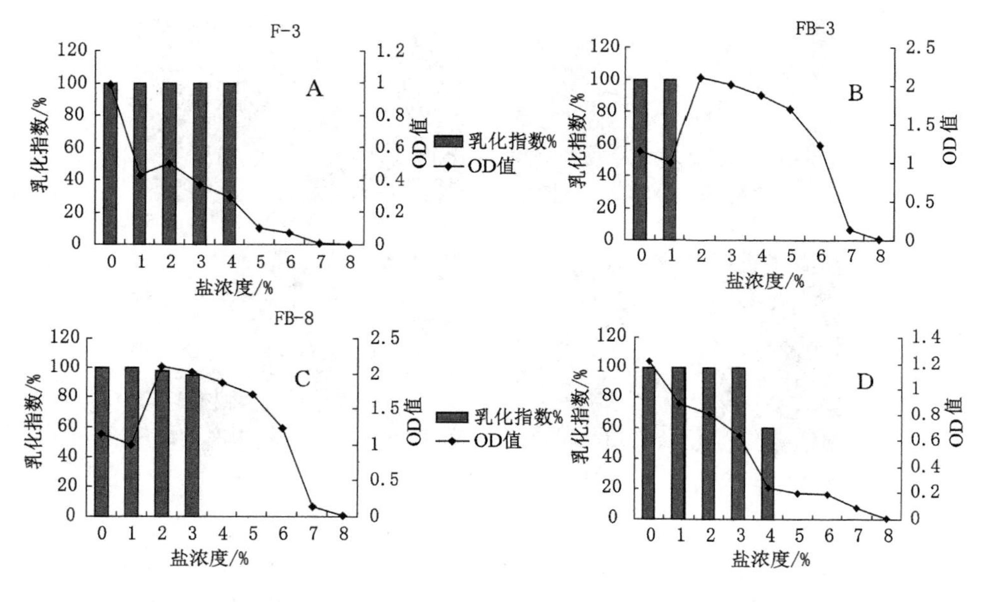

图 7-5　4 株菌在不同初始盐浓度下的乳化指数及 OD 值

（A——F-3 菌株；B——FB-3 菌株；C——FB-8 菌株；D——FB-11 菌株）

三、菌株乳化初始 pH 值分析

将菌株 F-3、FB-3、FB-8 和 FB-11 分别接入不同 pH 值的培养基中，pH 值分别为 7、8、9、10、11、12 和 13，在 37 ℃，180 r/min 振荡培养 12 h 后，测定发酵液的 OD 值，取 6 mL 发酵液与 3 mL 柴油混合后涡旋振荡 1 min 后静止 2 h，观察其乳化效果，以未接菌的空白培养基作为对照，以此确定不同 pH 值下菌株的生长与乳化剂产生情况的关系。结果如图 7-6 所示，4 株菌株都生长能耐受

7～12的 pH 值，在 pH 值为 12 的环境下仍产生生物乳化剂并且对柴油的乳化指数为 60%。由此可见，4 株菌株都能够在高碱环境下生长并且产生生物乳化剂，具有良好的实际生产应用价值。

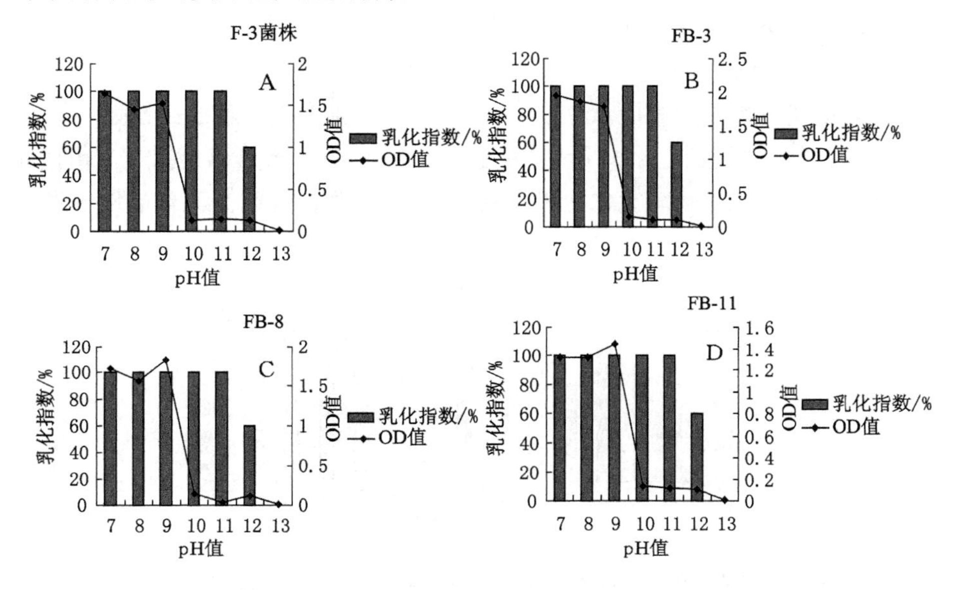

图 7-6　4 株菌在不同初始 pH 下的乳化指数及 OD 值

（A——F-3 菌株；B——FB-3 菌株；C——FB-8 菌株；D——FB-11 菌株）

第三节　乳化剂的分离提取及纯化

通过前面的分析，我们选择菌株 FB-8 进行下一步实验。将菌株 FB-8 接种于 500 mL 产乳化剂培养基中，37 ℃，180 r/min 摇床震荡过夜培养后，8 000 r/min 离心 10 min，除去菌体。上清液中缓慢加入$(NH_4)_2SO_4$至 75%饱和度，4 ℃冰箱过夜沉淀。9 000 r/min 离心 15 min 除去上清，沉淀重溶于少量蒸馏水，经冷冻干燥后获得絮状固体即为乳化剂粗制品，称重，获得粗提样品0.812 g，该乳化剂的得率为 1.624 g/L。

一、乳化剂理化性质分析

（一）乳化剂的乳化浓度范围

将乳化剂粗提粉末配制成 10 mg/mL、20 mg/mL 和 40 mg/mL 三个浓度的溶液，分别与柴油以 2∶1 比例混合测定其乳化活性。结果表明，浓度 20 mg/mL 和 40 mg/mL 的生物乳化剂溶液对柴油的乳化效果很明显，乳化指数都为 100%，浓度为 10 mg/mL 生物乳化剂溶液对柴油的乳化指数仅为 45%。后续实验使用的生物乳化剂浓度为 20 mg/mL。

（二）乳化剂的盐敏性

将乳化剂粗提物配制成 20 mg/mL 的溶液，分别测定其在 NaCl 浓度为 0%～10%，12%，15%和 20% 14 个盐浓度下的乳化活性，结果见图 7-7。由图可知，菌株 FB-8 产的生物乳化剂可以耐受高盐浓度，盐浓度越高乳化活性越强。

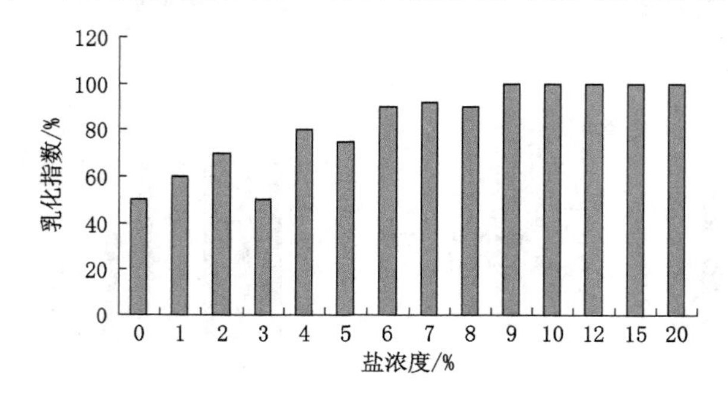

图 7-7　菌株 FB-8 所产乳化剂在不同盐浓度下的乳化指数

（三）乳化剂的碱敏性

将乳化剂粗提物配制成 20 mg/mL 的乳状液，分别测定其在 pH 7-13 这 6 个 pH 下的乳化活性，结果见图 7-8。结果表明，FB-8 菌株产的生物乳化剂可以耐受高碱环境，pH 值越高乳化活性越强。

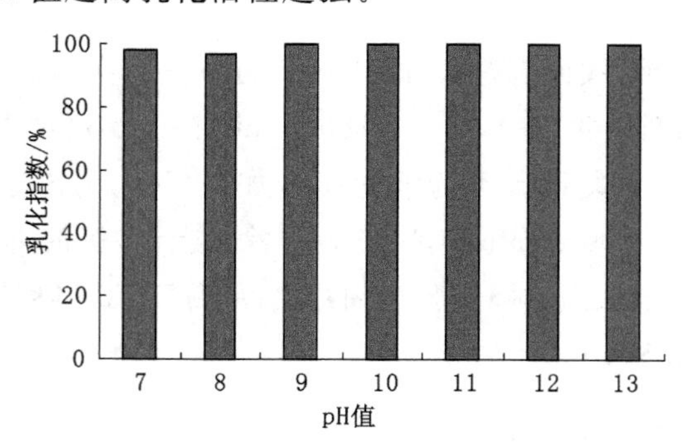

图 7-8　菌株 FB-8 所产乳化剂在不同 pH 值下的乳化指数

二、乳化剂的定性分析

将乳化剂粗提粉末用少量的蒸馏水重溶，配成浓度为 20 mg/mL 的乳化液。酸水解后采用不同的特异性显色方法对乳化剂样品的化学成分进行定性分析。结果如图 7-9 所示，乳化剂点样于硅胶板，用硫酸蒽酮显色后成蓝绿色，说明乳化剂样品中含有糖类成分；用茚三酮显色样品呈浅红色，说明乳化剂样品中含有蛋白质组分；乳化剂样品的丁酮抽提物用钼酸铵-高氯酸显色呈蓝黑色，说明乳化剂样品中含有脂类成分。通过特异性显色法的薄层定性分析表明，FB-8 菌株产生的乳化剂是由糖类、蛋白质类和脂类三种成分组成。

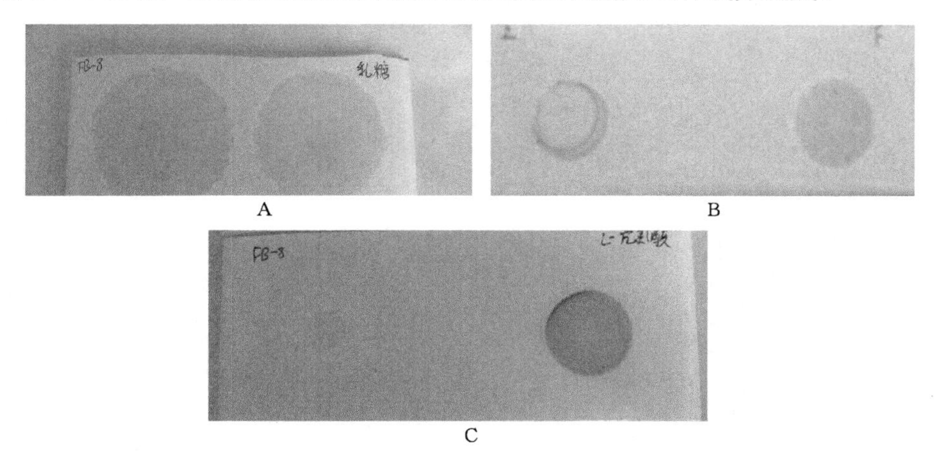

图 7-9　乳化剂定性分析显色结果

（A——糖定性，其中左侧为乳化剂粗提样品，右侧为乳糖对照；B——脂定性，其中左侧为乳化剂样品，右侧为油脂对照；C——蛋白质定性，其中左侧为乳化剂样品，右侧为 L-亮氨酸对照）

三、结论

（1）本研究从滨州市郊石油开采区污染土壤中筛选出 4 株产生物乳化剂的菌株分别命名为 F-3，FB-3，FB-8 和 FB-11。这 4 株菌株能乳化柴油、二甲苯、液状石蜡和正己烷四种烃类，并可耐受 6%～7%的盐浓度进行生长，在 0%～4%盐浓度下产生乳化剂，对 pH 的最高耐受值是 12，在该 pH 条件下仍能产生生物乳化剂。

（2）对菌株 FB-8 所产生的生物乳化剂进行了分离纯化及成分初步鉴定，采用盐沉法获得了生物乳化剂粗品，得率为 1.624 g/L。经定性实验，该生物乳化剂由糖类、蛋白质和脂类三种成分组成。

(3) 对菌株 FB-8 产生的生物乳化剂粗提物进行了盐敏性、碱敏性、乳化浓度范围分析，该乳化剂在盐浓度为 20%，pH=13 的条件下对柴油的乳化性能仍很稳定，具有高盐碱稳定性的特性。

第八章　耐盐解烃菌 alkB 基因片段的分离和鉴定

随着石油资源的不断开发和利用，石油污染问题也愈发严重，这不仅对生态环境造成严重的破坏，也会对人们的健康生活带来威胁。石油中含有烷烃和多环芳烃等高毒性的烃类物质，它们极易造成环境污染。微生物降解石油具有环保、效率高、可针对性强等特点，因此这一领域具有很高的研究价值。在解烃微生物降解烷烃过程中起关键作用的酶是 alkB 基因编码的烷烃羟化酶，其作用原理是从烷烃的末端或次末端开始先将甲基氧化成醇或酮，醇或酮再被氧化成醛和脂肪酸，脂肪酸经过 β一氧化途径生成乙酰 CoA，乙酰 CoA 即可进入三羧酸循环参与供能。本研究旨在对实验室保藏的 5 株耐盐解烃菌的 alkB 片段其进行 PCR 扩增、测序和分析鉴定，为 alkB 基因多样性研究、解烃微生物群落结构分析及石油降解基因工程菌的构建提供依据。

目前 alkB 基因在细菌、真菌（假丝酵母属和亚罗酵母属）和少数藻类中均有发现，其中以解烃细菌为主，革兰氏阴性菌中主要涉及假单胞菌属，不动杆菌属，嗜麦芽寡养单胞菌属，柴油食烷菌属，优雅食烷菌属，伯克氏菌属等；革兰氏阳性菌中涉及分支杆菌属，诺卡氏菌属，巴斯德菌及红球菌属等。1998 年，埃特金等从多环芳香烃污染的土壤中分离到的一种链霉菌就可以降解菲（用于合成染料和药物）；2001 年，帕瑞斯和他的同事从科威特的布尔甘油田分离到了 3 株能够利用正十六烷、正十八烷、原油和煤油作为唯一碳源和能源的链霉菌。2008 年，Saadoun 等从柴油污染土壤中分离到了多株链霉菌菌株，并研究了其在以柴油为唯一碳源的环境下的生长能力，根据 alkB 基因保守序列设计兼并引物，对它们的烷烃羟化酶基因进行了 PCR 扩增和序列分析，获得了 325～550 bp 大小不等的 alkB 片段。2011 年，Korshunova 等分析了地表地衣芽孢杆菌 K 基因组中 alkB 基因的多样性及基因定位。国内领域，2012 年，孙敏等从柴油污染的海水样品中分离高效柴油降解细菌——不动杆菌 W3，并分析了菌株对柴油的降解能力及降解酶基因 alkB。石油污染生物降解菌的多样性及降解基因的序列结构等得到进一步的丰富和完善。

目前，多种 PCR 技术被应用于 alkB 基因的扩增，它能够满足更全面、准确地获取样品中遗传信息的要求。同时,对于分析菌群结构动态变化有较好作用。对于已知菌株,通常采用 PCR 技术或 TAIL-PCR 技术扩增目的基因;而对于环境中分离到的未知菌群则多结合变性梯度凝胶电泳(Denaturing Gradient Gel Eletrophoresis,DGGE)、温度梯度凝胶电泳(Temperature Gradient Gel Electrophoresis,TGGE)、末端限制性片段长度多态性(Terminal Restriction Fragment Length Polymorphism,T-RFLP)等技术来增强扩增准确性。保证扩增产物特异性的一个非常重要的因素就是引物,引物可以是根据一个已知基因进行设计,也可以根据多个已知基因进行设计。例如,2008 年 Saadoun 等从 GenBank 中获得了 7 株细菌的烷烃羟化酶基因序列并进行多重序列对比,选择高度同源序列来设计 PCR 引物。2011 年余瑛等引用 Saadoun 的引物从石油污染土壤中分离到的 9 株降解菌中扩增到了大小介于 160~400 bp 的 alkB 基因片段,并分析了其基因序列。

虽然 alkB 基因的生物降解过程有非常好的生态学和实际应用价值,但对该基因的特征描述,系统发育分析以及烃氧化菌的多样性研究依然比较缺乏。本研究根据多种细菌的 alkB 基因保守序列多重对比分析设计引物,结合文献引物对实验室保藏的 5 株耐盐解烃菌的 alkB 基因进行了 PCR 扩增,通过蓝白斑筛选阳性重组子进行测序,并对该基因片段进行系统发育分析。

烷烃羟化酶基因是研究微生物降解菌降解机理的重要内容,其完整基因的扩增及基因结构的分析能够为以后构建多种降解烷烃的基因工程菌奠定基础,并且由基因结构的分析到基因转录过程和翻译产物的研究可以进一步明确不同菌种降解底物的特异性,从而有针对性地使用基因工程菌种进行生物修复,提高生物修复的效率。而烷烃降解菌也可以被当作一种重要的生物指示菌应用于探勘石油和天然气领域。

第一节　耐盐解烃菌 alkB 基因的扩增

一、细菌基因组总 DNA 的提取

本章试验研究的是本实验室保藏的 5 株耐盐解烃菌,分别是 XB、JH、21-3、LJ-10、LJ-7;5 株耐盐解烃菌均以革兰氏阳性菌为主,采用溶菌酶破壁提取基因组 DNA 的方法,对培养至对数生长期的菌体进行基因组总 DNA 的提取,提取后的基因组 DNA 用 0.8%的琼脂糖凝胶电泳进行了检测。电泳结果显示以

Marker 作参照，菌体基因组 DNA 大小均在 10 000 bp 以上，如图 8-1 所示。

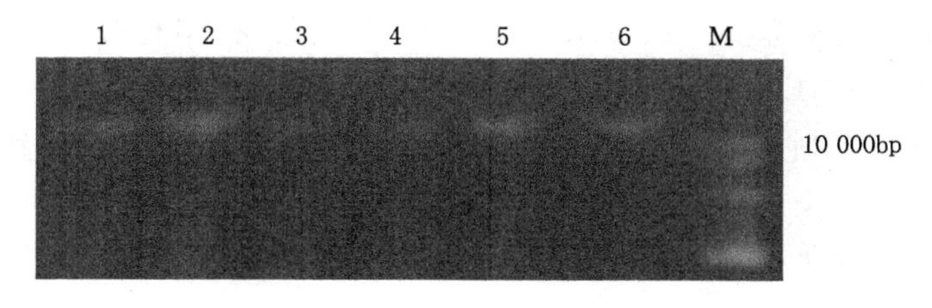

图 8-1　5 株解烃菌基因组 DNA 琼脂糖凝胶电泳

1——21-3；2——LJ-10；3——LJ-7；4——LJ-7；5——JH；6——XB；M——Marker

基因组提取方法：

(1) 挑取 LB 平板上活化的新鲜单菌落于 5 mL LB 液体培养基中，37 ℃震荡培养 12～16 h(不同菌种合适的培养时间不同，以免产生过多蛋白代谢物)；

(2) 转移 3 mL 菌液于 5 mL 离心管中，17 ℃，12 000 r/min，离心 1 min，弃掉上清；

(3) 细菌沉淀物用 0.5 mol/L NaCl 溶液重悬洗涤一次，17 ℃，12 000 rpm，再次离心 1 min，尽量空干上清液；

(4) 将沉淀重悬于 1 mL 50 mmol/L 的 Tris (pH 8.0)缓冲液中，然后加入 0.2 mL 现配的溶菌酶溶液(10 mg/mL 溶于 0.25 mol/L Tris-HCl 中，pH 8.0)和 0.8 mL 0.25 mol/L 的 EDTA 溶液，充分混匀后置于 37 ℃水浴处理 2 h，再加入 200 μL 10%SDS 溶液，充分混匀后放置于 55 ℃水浴处理 2 h；

(5) 向每个样品中加入等体积的酚-氯仿-异戊醇(25∶24∶1)，上下颠倒混匀 8～10 下，12 000 r/min，离心 10 min；

(6) 用剪掉枪尖的移液枪轻轻吸取上清至新的离心管中，重复上个步骤直到无白色变性蛋白层出现；

(7) 在上相中加入 1/10 体积的 3 mol/L NaAc(pH＝5.2)和 2 倍体积的冷无水乙醇，－20 ℃放置 30 min；

(8) 4 ℃，12 000 r/min 离心 10 min，弃去上清，沉淀用 70%乙醇清洗两次，室温风干后溶于 50 μL 的 TE 中，－20 ℃保存备用。

二、alkB 基因的 PCR 扩增

(一) 引物设计及合成

自然界中的 alkB 基因存在很大的差异性，这为扩增未知菌种的 alkB 基因

增添了较大难度。由于解烃菌的不同及其降解途径的差异，编码烷烃羟化酶的基因也存在一定的差异。从 GenBank 中获得已报道的多种解烃菌的烷烃羟化酶基因序列，用 GENEDOC 软件对 7 种 alkB 基因序列进行多重序列对比分析，选择高度同源序列利用 Primer 5 软件来设计 PCR 引物，见图 8-2 和 8-3。本实验根据多种解烃菌 alkB 基因的保守区序列设计引物，如表 8-1 所示。本研究中设计的引物及文献引物均送北京三博远志生物技术公司合成。

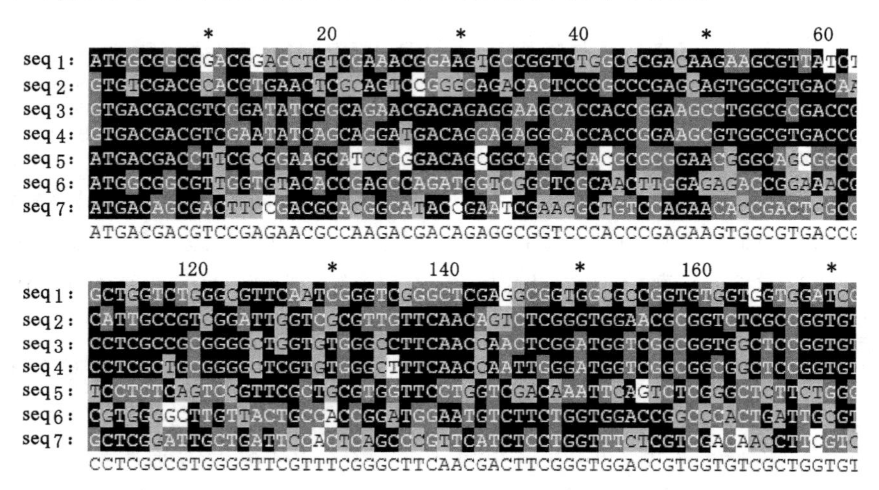

图 8-2　GENEDOC 多重序列对比分析

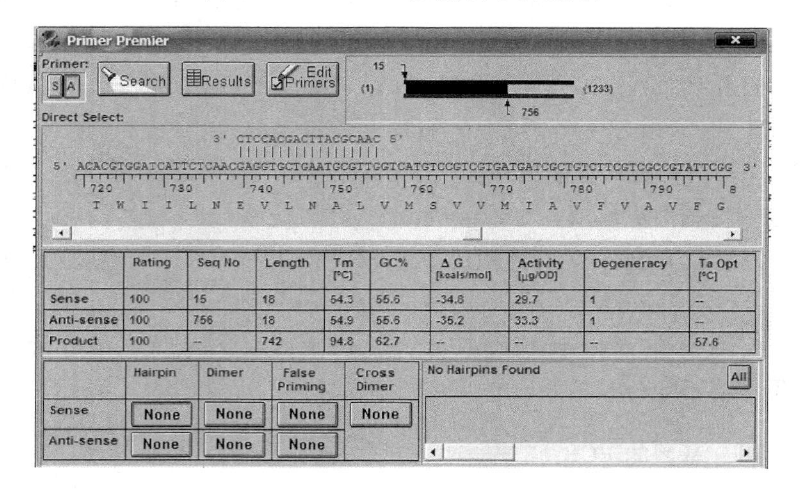

图 8-3　Primer 5 设计兼并引物

表 8-1 **实验所用兼并引物**

引物名称	引物序列	引物来源
LY1	up:GAACGCCAAGACGACAGA	This work
	down:CAACGCATTCAGCACCTC	
LY2	up:GGCACCATCAGAAACGG	This work
	down:GCCTGGGACCTGGAGAAA	
P2	up:TCGAGCACAACCGCGGCCACCA	Saadoun,2008
	down:CCGTAGTGCTCGACGTAGTT	

（二）alkB 基因的扩增

分别用设计的引物和引用文献的兼并引物对 5 株解烃菌进行 alkB 基因的扩增。

(1) 50 μL PCR 反应体系如表 8-2 所示：

表 8-2 **PCR 反应体系**

试剂	体积/μL	说明
ddH_2O	22	体系按照顺序添加到 EP 管中，所有操作在冰上进行。
正向引物(10 μM)	1	
反向引物(10 μM)	1	
模板	1	
2×Taq PCR MasterMix	25	

(2) 将 EP 管置于 PCR 仪中，按照下列条件进行扩增反应：

94 ℃ 预变性 5 min

94 ℃ 变性 30 s

55 ℃ 退火 30 s，30 cycles

72 ℃ 延伸 1 min

72 ℃ 终延伸 5 min

4 ℃ ∞

扩增反应产物采用 1%琼脂糖凝胶电泳进行检测和分离。

（三）酶链反应与蓝白斑筛选

(1) PCR 产物连接

利用 T4 DNA 连接酶将目的基因与 T 载体进行酶链反应，10 μL 连接体系如表 8-3 所示：

表 8-3　　酶链反应体系

试剂	体积/μL	说明
ddH_2O	7	体系按照顺序添加到 EP 管中，所有操作在冰上进行。
T4 DNA Ligase Buffer(10×)	1	
PCR 产物	1	
PUCm-T Vector	0.5	
T4 DNA Ligase(5～10 U/μL)	0.5	

（四）序列鉴定及分析

所得扩增产物送北京三博远志生物技术公司测序，测序结果利用 Clustal X 和 Mega 5.1 软件对 DNA 序列构建系统发育树并进行分析鉴定。实验所用引物中 LY1、LY2 没有扩增结果；只有引物 P2，up：5'-TC GAGCACACCGCG-GCCACCA-3'，down：5'-CCGTAGTGCTCGACG TAGTT-3'，以 5 株解烃菌的基因组 DNA 为模板扩增出了约 300 bp 的目标产物，结果如图 8-4 所示。

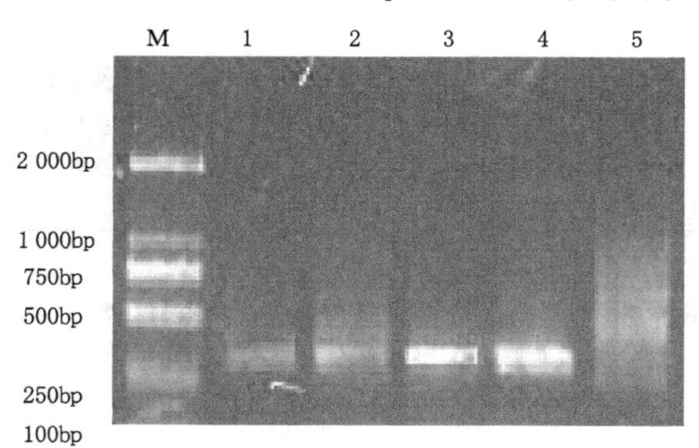

图 8-4　alkB 片段 PCR 扩增产物琼脂糖凝胶电泳

M——DNA Marker DL 2000；1——LJ-10；2——LJ-7；3——21-3；4——JH；5——XB

引物 LY1、LY2 没有得出扩增结果可能是由于引物设计时选择的含 alkB 基因菌属类别涵盖不够广泛，设计思路还需进一步改进；利用引物 P2 扩增出了菌株 21-3、LJ-10、JH、LJ-7 的 alkB 片段，目的条带的大小均在 300 bp 左右。而菌株 XB 虽然也可以降解柴油，但却没有扩增出目的条带，原因一方面可能是不同种属的解烃菌其 alkB 基因本身具有很大的差异性，存在另外形式的 alkB 同源基因，需要进一步优化引物设计方案再进行扩增；另一方面，这表明解烃菌降解烷烃的途径不是单一的，可能存在编码其他酶类的基因主导柴油降解过程，因为柴油中含有许多种烃类化合物而并非只有烷烃。

（五）感受态细胞的制备转化及阳性克隆筛选

采用 PIPES 法制备大肠杆菌 DH5α 感受态细胞并进行酶连产物转化，转化后的菌体均匀涂布于含有氨苄青霉素钠的 LB 平板上培养，进行蓝白斑筛选阳性克隆，挑去阳性克隆通过菌体 PCR 法检验，PCR 反应条件不变。只扩增检测出菌株 21-3、JH、LJ-10 的 alkB 片段，大小均在 300 bp 左右，片段大小与文献中 Saadoun 所扩增到的 325 bp 的 alkB 基因片段结果基本一致，如图 8-5 所示。

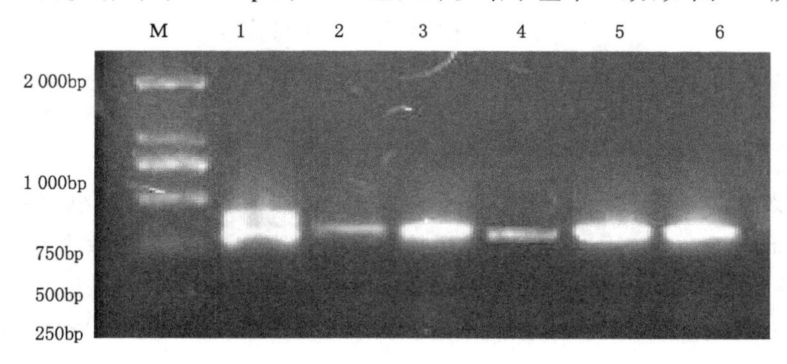

图 8-5　3 株解烃菌阳性克隆 PCR 鉴定

M——Marker；1——21-3；2——21-3；3——LJ-10；4——LJ-10；5——JH；6——JH

采用 PIPES 法制备大肠杆菌 DH5α 感受态细胞并进行酶连产物并转化，蓝白斑筛选阳性克隆，步骤如下：

（1）在 LB 培养基平板上划线培养 E. coli DH5α，待长出单菌落后，挑单菌落接入 5mL LB 液体培养基试管中，37 ℃恒温摇床培养过夜；

（2）吸取 0.5 mL 菌液转入盛有 50 mL LB 液体培养基的三角瓶中，37 ℃继续培养 2～3 h，至 OD 约为 0.4；

（3）将 50 mL 菌液转入预冷的 50 mL 离心管中，冰浴 10 min，4 ℃，5 000 r/min，离心 10 min，弃去上清，并空干残余培养基；

（4）用 10 mL 预冷的 0.01 mol/L PIPES buffer 重悬沉淀的菌体，冰浴 10 min 后，4 ℃，5 000 r/min，离心 10 min，弃去上清，并空干残余培养基；

(5) 用 2 mL 冰冷的 PIPES 缓冲液悬起菌体;

(6) 每管 100 μL 进行分装,−40 ℃保存备用;

(7) 取出 1 管 100 μL 制备好的感受态细胞,冰上融化;

(8) 加入 4μL 质粒 DNA,设不加任何 DNA 的阴性对照,在冰上放置 30 min;

(9) 将离心管放置于 42 ℃水浴中,准确热击 90 s;

(10) 快速将离心管转移至冰浴,放置 2 min;

(11) 每管加 900 μL LB 培养基,37 ℃恒温摇动复苏培养 1 h;

(12) 取 100 μL 菌液均匀涂布于含有 Amp、IPTG、X-Gal 的 LB 平板上;

(13) 平板置于 37 ℃培养 16 h 后,观察结果。

第二节　alkB 基因序列分析

一、alkB 片段的同源性分析

经测序,扩增到的菌株 21-3、LJ-10、JH 的 alkB 基因片段大小分别为 296 bp、283 bp、275 bp。通过 3 株解烃菌的 alkB 片段在 NCBI 数据库中对比发现,菌株 21-3 的 alkB 片段与已报道的 *Acidovorax* sp. KKS102、*Alcanivorax venustensis* strain ISO4、*Uncultured soil bacterium clone* GO0VNXF07IP2SN、*Uncultured bacterium clone* KL2c04 这些菌株的 alkB 基因的相似性分别达 96%、91%、91%、90%;菌株 LJ-10 的 alkB 片段与已报道的 *Uncultured bacterium clone* BM3-6775、*Uncultured soil bacterium clone* GO0VNXF07IG6EW 这些菌株的 alkB 基因相似性达 83%;菌株 JH 的 alkB 片段与已报道的 *Uncultured soil bacterium clone* GO0VNXF07H4LL3、*Mycobacterium chubuense* NBB4 这些菌株的 alkB 基因相似性分别为 90%、89%。由此可见,本实验扩增的片段初步确定属于 alkB 基因。通过构建系统进化树分析,如图 8-6 所示,发现虽然这些耐盐解烃菌的 alkB 片段与已报道菌株的同源性较高,但是进化地位却有一定的差距。

二、解烃菌 alkB 片段氨基酸序列分析

相关研究表明,alkB 基因可能与一些膜结合蛋白,如二甲苯单加氧酶、脂肪酸去饱和酶、脂肪酸单加氧酶、类固醇氧化酶以及去羰基酶等属于同一个家族,

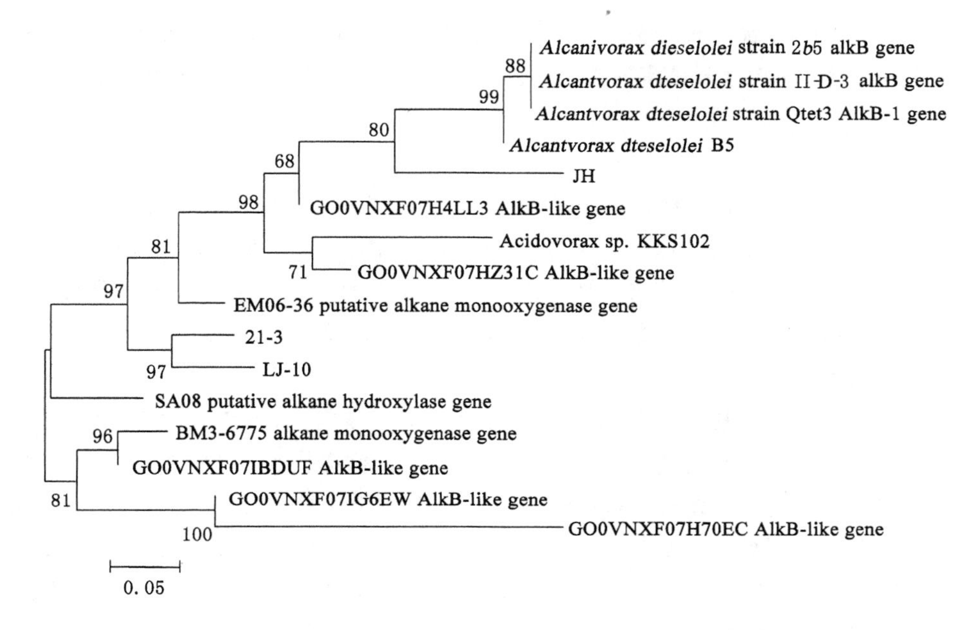

图 8-6　解烃菌 JH、21-3、LJ-10 alkB 基因片段进化树及进化距离

因为它们都含有一个保守的 8 个组氨酸区域，分别是为 His-1（HE[L/M]XHK）、His-2（EHXXGHH）、HYG（NYXEHYG[L/M]）和 His-3（RHSDHH）。但由于本实验扩增到的 3 株解烃菌的 alkB 片段相比于其他同源序列来说较小，其氨基酸序列中只发现了 His-2（EHXXGHH），如图 8-7 所示。

```
AlkB [Geobacillus sp. SH-1]                       SRIHGQLVFGGVETFPHPVFVGEHSWRTVFY   31
AlkB [Rhodococcus sp. BCP1]                       EHNRGHHVRVSTPEDPASARFGESFWTFLPR   31
alkB[Alcanivorax dieselolei]ACJ22714.1            EHNKGHHRDVATPEDPASSRMGESIWKFVLR   31
alkB [Alcanivorax dieselolei]ACJ22770.1           EHNKGHHRDVATPEDPASSRMGESIWKFVLR   31
alkB monooxygenase[Pseudomonas aeruginosa]        EHVRGHHVHVSTPEDASSARFGQSVYQFLPH   31
alkB[Pseudomonas aeruginosa]                      EHVRGHHVHVSTPEDASSSRYGQSLYSFLPH   31
jh                                                EHNRGHHRHVATPEDPASSRMGERSTASCPR   31
li-10                                             EHNRGHHRHVATPEDPASSRMGERSTASCPR   31
21-3                                              EHNRGHHRHVATPEDPASSNMGETIYRFMLR   31
Consensus                                         ehnrghhrhvatpedpassrmges    f pr
```

图 8-7　alkB 肽段对比分析

由氨基酸序列对比分析可知，JH、LJ-10、21-3 的 alkB 基因片段所编码的氨基酸序列中存在保守的组氨酸序列 His-2（EHXXGHH），这与红球菌属、柴油食烷菌、假单胞菌属的 alkB 氨基酸序列相同，可初步证实扩增到的目标条带是 alkB 基因片段；但芽孢杆菌属在相同位置就不存在 His-2，对其酶活是非必需的。可知不同种属的解烃菌 alkB 序列存在很大差异,因此单单依据氨基酸保守序列设计引物,对未知菌种扩增目的条带会在一定程度上影响扩增效果。

三、结论

(1) 本实验根据多种解烃菌的 alkB 基因保守区域序列设计引物,结合文献引物对实验室保藏的 5 株耐盐解烃菌的 alkB 基因片段进行了 PCR 扩增,其中菌株 21-3、LJ-10、JH 均获得了约 300 bp 大小的目标产物。经 DNA 序列对比、氨基酸序列对比分析及系统发育树分析,证实所扩增到的目标产物是 alkB 基因的同源片段。

(2) alkB 基因是解烃菌编码酶的关键功能基因之一,本研究为不同解烃菌基因工程菌的构建及检测环境样本中的功能性种群提供了参考依据。

(3) 研究发现能够利用石油作为唯一碳源的微生物中不一定含有 alkB,因为一方面不同解烃菌的解烃途径存在差异,另一方面不同的解烃菌中存在底物特异性,因此其主导基因就会不同,还存在其他编码关键酶的解烃基因,需要我们进行进一步的研究。

(4) 由于自然界中烷烃羟化酶基因存在很大的多样性,利用兼并引物只能扩增到烷烃单加氧酶基因的保守区域。可以根据测序获得的已知序列设计特异性引物,通过基因步移技术获得 alkB 基因全长。也可以利用 TAIL－PCR 等技术扩增烷烃羟化酶基因及其侧翼序列,此种方法可以简单快速的获得某个基因的全长。

第九章　黄河三角洲土壤石油污染的微生物修复试验

黄河三角洲石油污染土壤盐碱化程度较高，为了更好地筛选耐盐解烃菌，采集了9个石油污染土样，对其中的微生物进行了多样性分析，然后采用富集培养法，筛选到了2株高效降解石油的耐盐菌株，并对这2株菌进行了解烃特性分析、室内模拟解烃实验及现场试验。

第一节　黄河三角洲石油污染土壤微生物筛选

一、黄河三角洲石油污染土样中微生物分离与鉴定

采用微生物多样性分析的传统方法，包括平板培养法、电镜方法和染色法等，对取自黄河三角洲石油污染的9个土壤样品中的微生物群落进行了初步分析。实验结果表明，该地区石油污染的盐碱土中有丰富的细菌、真菌和放线菌资源，通过进一步的生理生化实验分析，大部分微生物表现出较强的耐盐性，该实验研究丰富了耐盐微生物资源，并为进一步分离耐盐解烃微生物提供了基础。

（一）细菌

1. 石油污染土壤中细菌的多样性分析

对采集到的9个石油污染土样中的细菌进行培养，待平板上长出菌落后进行观察，共分离出20株细菌，对这些细菌进行形态描述和菌落计数，如表9-1所示。从表9-1中可以明显看出，20株所得细菌中的优势菌是：2A-4、3A-2、7A-1和7A-2这4株细菌，菌体显微照片，见图9-1。

表9-1　土样中分离到的细菌的形态特征及数量

菌落编号	菌落形态	菌落计数（$\times 10^3$/mL）
2A-1	菌落表面较干，较薄，菌落较大，表面较密，不光滑，边缘有细小突起，菌落正面白色，背面无色，不透明。	2.4

续表 9-1

菌落编号	菌落形态	菌落计数(×10³/mL)
2A-2	菌落表面干,较厚,菌落较小,较松,表面不光滑,边缘光滑,菌落正面白色,背面白色,不透明。	3.6
2A-3	菌落表面干,较薄,菌落较小,表面不光滑,边缘有细小突起,菌落正面无色,背面无色,半透明。	2.1
2A-4	菌落表面较干,菌落较薄,菌落较小,菌落光滑,表面光滑,边缘光滑,菌落正面无色,背面无色,不透明。	10.1
2A-5	菌落表面干,菌落较薄,菌落较大,表面不光滑,边缘有凸出,菌落正面无色,背面无色,不透明。	3.5
2A-6	菌落表面干,菌落较薄,菌落较大,菌落较松,表面不光滑,边缘光滑,菌落正面无色,背面无色,不透明。	1.1
3A-1	菌落表面干,菌落较薄,菌落小,较松,表面不光滑,边缘光滑,菌落正面无色,背面无色,不透明。	3.2
3A-2	菌落表面较湿,菌落较薄菌落,菌落较小,较密,表面不光滑,边缘光滑,菌落正面橘红,背面橘红,不透明。	6.3
4A	菌落表面较湿,菌落较厚,小,菌落较松,表面不光滑,边缘有细小突起,菌落正面无色,背面无色,不透明。	1.2
4B-1	菌落表面较湿,菌落较厚,较大,表面不光滑,边缘有细小突起,菌落正面无色,背面无色,不透明。	1.1
4B-2	菌落表面较干,较薄,菌落大,较松,表面不光滑,边缘有细小突起,菌落正面无色,背面无色,不透明。	4.0
6B	菌落表面干,菌落较厚,菌落大,菌落密,表面粗糙,边缘有环状突起,表面较光滑,菌落正面中间为浅黑色,外周有一白圈,背面无色,不透明。	5.6
7A-1	菌落表面干,菌落较薄,较大,菌落较松,表面不光滑,边缘不光滑,菌落正面中间有圆环,中间为白色,外周无色,背面无色,不透明。	8.1
7A-2	菌落表面油性,菌落较厚,较大,菌落密,表面油状,边缘光滑。菌落正面无色,背面黄色,不透明。	7.4
7B	菌落表面较湿,菌落厚,较大,菌落密,表面较粗糙,边缘光滑,菌落正面黄色,背面无色,不透明。	1.5

续表 9-1

菌落编号	菌落形态	菌落计数($\times 10^3$/mL)
8A-1	菌落表面干，菌落薄，很大，菌落松，表面较粗糙，边缘光滑，菌落正面无色，背面无色，半透明。	2.1
8A-2	菌落表面较干，菌落较厚，小，菌落较密，表面较光滑，边缘光滑，菌落正面白色，背面无色，不透明。	1.4
8B-1	菌落表面较干，菌落厚，菌落大，菌落松，表面较粗糙，边缘不光滑，菌落正面白色，背面无色，不透明。	1.3
8B-2	菌落表面较湿，菌落厚，菌落大，菌落松，表面粗糙，边缘不光滑，菌落正面黄色，背面无色，不透明。	0.7
9B	菌落表面较干，菌落厚，菌落较小，菌落松，表较粗糙，边缘不光滑，菌落正面无色，背面无色，半透明。	0.5

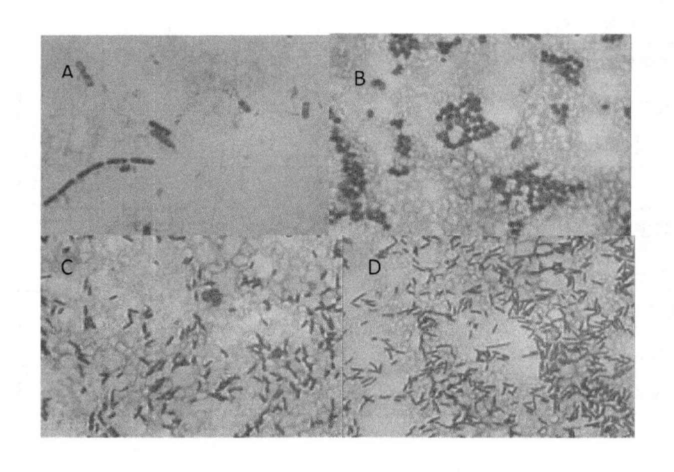

图 9-1　四株优势菌的显微照片(1 000×)

A——2A-4；B——3A-2；C——7A-1；D——7A-2

2. 优势细菌的生理生化指标检测

分别对 2A-4、3A-2、7A-1、7A-2 这 4 株优势菌进行了相关的生理生化实验，根据《常见细菌系统鉴定手册》对 4 株菌的分类地位进行了初步鉴定。优势菌的生理生化特征如表 9-2 所示。

表 9-2　　　　优势细菌的生理生化指标

菌株编号	2A-4	3A-2	7A-1	7A-2
菌株编号	2A-4	3A-2	7A-1	7A-2
细菌形态	杆状	球状	杆状	杆状
革兰氏染色反应	G^{+}	G^{-}	G^{+}	G^{-}
接触酶反应	+	+	-	+
运动性试验	-	-	-	+
明胶液化试验	-	-	-	-
淀粉水解试验	-	-	+	+
脲酶试验	+	+	+	+
吲哚试验	-	-	+	+
纤维素分解试验	-	+	-	-
葡萄糖氧化发酵试验	氧化型	氧化型	氧化型	发酵型
柠檬酸盐利用试验	+	+	+	+
甲基红(M. R)试验	-	-	-	-
V-P 测定试验	-	-	+	-
30 ℃生长试验	+	+	+	+
45 ℃生长试验	+	+	+	+
55 ℃生长试验	+	+	+	+
60 ℃生长试验	+	-	-	-
0%NaCl 试验	-	-	-	-
5%NaCl 试验	+	+	+	+
7%NaCl 试验	+	+	+	+
8%NaCl 试验	+	-	-	-

经过相应的生理生化实验鉴定，结合 4 株优势菌的形态特征，可以大致上鉴定出 4 株优势菌分别属于 *Plesiomonas*（邻单胞菌属）、*Staphylococcus*（葡萄球菌属）、*Roseomonas*（玫瑰单胞菌属）和 *Brevibacterium*（短杆菌属）。对这 4 株优势菌进行 NaCl 耐受性检测，发现这 4 株菌对 NaCl 的耐受性均达到 5%，其中菌株 2A-4 更是高达 7%。

（二）真菌和放线菌

1. 石油污染土壤中真菌和放线菌的分析

通过观察平板上菌落的形态特征和菌落个数，共分离得到 15 株放线菌和 7

株真菌；放线菌优势菌种有 4 株，真菌优势菌种有 4 株。放线菌标号为 F1、F2、F3 和 F4；真菌标号为 Z1、Z2、Z3 和 Z4。对分离到的放线菌和真菌进行菌落和菌丝体的形态特征描述，结果如表 9-3 和表 9-4 所示。

表 9-3　　石油污染土壤中分离出的放线菌的形态特征

菌株标号	菌丝体及孢子特征	菌落特征
F1	基内菌丝纤细，气生菌丝发达，一般为 1.2 μm 左右，无横隔，多分枝，形成各种形态的链状孢子，孢子形态各异，有柱形、圆形等。	菌落紧密多皱或平滑，各种颜色，菌落表层呈粉状，孢子形成后也呈各种颜色，有色素。
F2	气生菌丝发育好，有分枝，形成短孢子链，孢子链粗、短且高度螺旋卷成孢囊。	菌落不规则，比较硬，难以挑取。浅黄色，较干。
F3	一般气生菌丝发达，菌丝放射状分布，剧烈弯曲或不弯曲，菌丝体纤细，断裂为杆状、球状或带杈杆状，菌丝体 0.3～0.2μm。	菌落表面多皱、干燥或致密，表层呈灰、光滑的乳白等各种颜色。
F4	气生菌丝细长，不发达，呈树丛状，分枝多，顶端有顶囊，基内菌丝发达，无横隔，不断裂。	气生菌丝最初为浅棕色，后变为灰白色，菌落上覆有灰白、灰棕孢子，基内菌丝为褐黄，部分金黄色。

表 9-4　　石油污染土壤中分离出的真菌的形态特征

菌株标号	菌丝体及孢子特征	菌落特征
Z1	孢子囊合轴分枝，游动孢子第一个活动时期很短，休止孢在孢子囊顶部孔口处聚集成团。	菌落较大，白毛状，菌落紧密多皱，较湿润。
Z2	菌丝有隔，分枝。分生孢子梗分枝或不分枝。分生孢子有两种形态，小型分生孢子卵圆形至柱形，有 1～2 个隔膜；大型分生孢子镰刀形或长柱形，有较多的横隔。	菌落较小，湿润光滑，容易挑取。菌丝较淡，无色素。
Z3	分生孢子梗短，单生，极少数分生孢子梗具有短的分枝，分生孢子梗呈暗色。分生孢子(粉孢子)，单生，顶生，球形，棕色，单细胞。	菌落表面较干，菌落较厚，菌落正面白色，背面无色，不透明。
Z4	菌丝透明有隔，分枝丰茂，分生孢子梗有对生或互生分枝，分枝上可再分枝，分枝顶端为小梗，瓶状，互生或单生。气生菌丝的短侧枝成为分生孢子梗，其末端产生近球形、椭圆形的分生孢子。分生孢子以黏液聚成球形或近球形的孢子头。	菌落伸展迅速，呈棉絮状或致密丛束状，绿色，菌落表面呈同心轮纹状。

2. 石油污染土壤中优势真菌和放线菌分类

通过对放线菌和真菌进行菌落特征观察、镜检特征描述以及生理生化指标的检测，参照《放线菌生化实验鉴定》和《真菌的形态特征》，初步鉴定结果如下：所分离到的放线菌 F1 和 F3 属于链霉菌属（*Streptomyces*）、F2 属于马杜拉放线菌属（*Actinomadura*）、F4 属于诺卡氏菌属（*Nocardia*），分离出的真菌 Z1 属于毛霉属（*Mucor*）、Z2 属于镰刀菌属（*Fusarium*）、Z3 属于腐质霉属（*Humicola*）、Z4 属于木霉属（*Trichoderma*）。

3. NaCl 耐受性检测

对分离到的优势真菌和放线菌进行 NaCl 耐受性检测，发现放线菌的耐盐性均可达到 5%，真菌的耐盐性在 3%～5%之间。

黄河三角洲石油污染土壤中微生物多样性呈现出细菌为主、真菌和放线菌较少的现象。从采集到的石油污染土样中，共获得 20 株细菌、15 株放线菌和 7 株真菌。对分离到的优势细菌、放线菌和真菌进行了生理生化指标检测，鉴定到属。经过相应的生理生化实验鉴定，结合 4 株优势细菌的形态特征，可以大致上鉴定出 4 株优势细菌分别属于邻单胞菌属（*Plesiomonas*）、葡萄球菌属（*Staphylococcus*）、玫瑰单胞菌属（*Roseomonas*）和短杆菌属（Brevibacterium）；所分离出的放线菌 F1 和 F3 属于链霉菌属（*Streptomyces*）、F2 属于马杜拉放线菌属（*Actinomadura*）、F4 属于诺卡氏菌属（*Nocardia*）；分离出的真菌 Z1 属于毛霉属（*Mucor*）、Z2 属于镰刀菌属（*Fusarium*）、Z3 属于腐质霉属（*Humicola*）、Z4 属于木霉属（*Trichoderma*）。由于该地区的土壤盐碱化严重，所分离到的微生物大都表现出较强的耐盐性，4 株优势细菌对 NaCl 的耐受性均达到 5%，菌株 2A-4 更是高达 7%；优势放线菌的耐盐性均可达到 5%，真菌的耐盐性在 3%～5%之间。该实验研究丰富了耐盐微生物资源，并为进一步分离耐盐解烃微生物提供了基础。

二、黄河三角洲石油污染土壤解烃菌的分离和鉴定

（一）解烃菌的分离

采用富集培养和稀释涂平板方法，从石油污染土样中分离到 4 株优势菌，菌落照片见图 9-2，分别命名为 XB、DB、LH 和 JH。

XB 菌落呈现小、白，点状分布，不透明；DB 菌落圆形，边缘光滑，菌落较大，半透明；LH 菌落呈亮黄色，不透明，圆形，边缘光滑；JH 菌落明显呈橘黄色，菌落较小，不透明。将 4 株菌分别在液蜡无机盐培养基中培养，发现菌种 JH 和

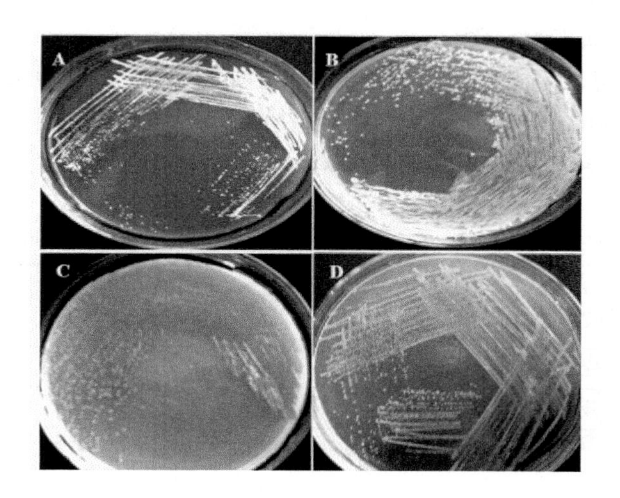

图 9-2　解烃微生物菌落照片

A——菌株 XB；B——菌株 DB；C——菌株 LH；D——菌株 JH

XB 对液蜡的乳化效果最好，见图 9-3。

四种菌株（优势菌株JH、XB、DB和LH）

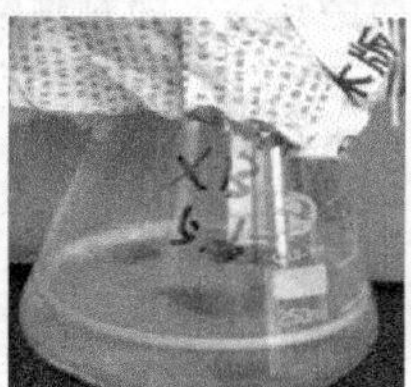

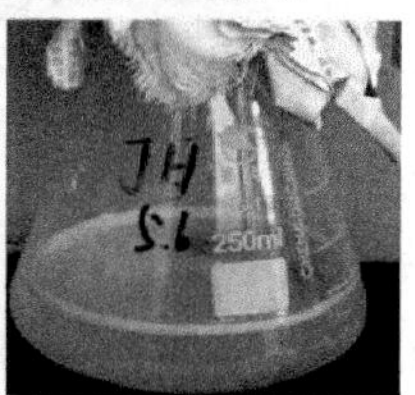

液蜡培养基对照组　　液蜡培养基菌株XB　　液蜡培养基菌株JH

图 9-3　菌株对液蜡的乳化效果

（二）解烃菌的菌种鉴定

1. 革兰氏检验

革兰氏染色结果表明，4 种菌都是革兰氏阳性菌。

2. 解烃菌酶活性检测

由表 9-5 可以看出,4 种菌都具有触媒的活性。LH 菌株具有降解淀粉的能力,可以产生降解淀粉的酶类;DB 菌株可以使明胶液化;DB 菌株和 LH 菌株可以利用尿素;四种菌株都不具备降解纤维素的能力。

表 9-5　　4 种菌的酶活性检测结果

检测＼菌株	XB	DB	LH	JH
淀粉水解试验	−	−	+	−
明胶液化试验	−	+	−	−
脲酶试验	−	+	+	−
触媒试验	+	+	+	+
纤维素分解试验	−	−	−	−

注:“+”表示反应结果呈阳性,“−”表示反应结果呈阴性。

3. 解烃菌氧化发酵试验

在细菌鉴定中,糖类发酵产酸、含碳化合物的利用是重要的依据。细菌对糖类的利用有两种类型:一种是从糖类发酵产酸,不需要以分子氧作为最终的氢受体,称发酵产酸;另一种则以分子氧作为最终的氢受体,称氧化型产酸。这一试验广泛应用于细菌分类鉴定。本实验对分离出的 4 种解烃菌进行了葡萄糖、乳糖、蔗糖、木糖、麦芽糖等氧化发酵试验,结果见表 9-6。

表 9-6　　4 种菌的代谢产物检测结果

检测＼菌株	XB	DB	LH	JH
柠檬酸盐利用试验	+	+	+	+
甲基红试验	+	−	−	+
V−P 测定试验	+	+	+	+
吲哚试验	+	−	−	+
乳糖氧化发酵	−	−	−	−
山梨醇氧化发酵	−	−	−	+
蔗糖氧化发酵	−	−	−	−
木糖醇氧化发酵	−	+	−	−

续表 9-6

检测＼菌株	XB	DB	LH	JH
麦芽糖氧化发酵	—	+	+	—
果糖氧化发酵	+	+	+	+
葡萄糖氧化发酵试验	开管	闭管	开管	闭管
	+	+	+	+
	氧化型	发酵型	发酵型	发酵型

4. 解烃菌耐盐性检测

配制含不同浓度 NaCl 的 LB 液体培养基，接种培养观察，发现 4 种菌株在 NaCl 为 0 时均能正常生长。DB 菌株的耐盐性最强，达到了 8%；XB 菌株的耐盐性最差，仅为 5%；LH 和 JH 菌株的耐盐性达到 7%。

5. 解烃菌温度耐受范围检测

使用生化恒温培养箱，在不同的温度下对 4 种菌株进行培养。观察结果表明：4 种菌中只有 DB 的耐受温度最高，达到 55 ℃，其他 3 种菌的最高耐受温度为 50 ℃。

菌株 XB 在 LB 平板，37 ℃培养 24 h 以上即形成圆形菌落，菌落边缘整齐，表面干燥，白色；其菌体形态为球状，菌体细胞革兰氏染色呈阳性，厌氧，大多数菌体成对分布。生长温度最高 50 ℃，NaCl 耐受性 0～5%；触酶、柠檬酸盐利用、V-P 实验、吲哚实验、MR 实验均为阳性，脲酶实验、淀粉水解、明胶液化、纤维素水解皆为阴性。

菌株 DB 在 LB 平板，37 ℃培养 12 h 以上即形成圆形菌落，菌落边缘整齐，表面湿润，乳白色；其菌体形态为杆状，菌体细胞革兰氏染色呈阳性，好氧，大多数菌体成对分布。生长温度最高 55 ℃，NaCl 耐受性 0～8%；触酶、明胶液化、柠檬酸盐利用、脲酶实验、V－P 实验均为阳性，淀粉水解、吲哚实验、纤维素水解、MR 实验皆为阴性。

菌株 LH 在 LB 平板，37 ℃培养 18 h 以上即形成圆形菌落，菌落边缘整齐，亮黄色；其菌体形态为杆状，菌体细胞革兰氏染色呈阳性，好氧。生长温度最高 50 ℃，NaCl 耐受性 0～7%；触酶、柠檬酸盐利用、脲酶实验、淀粉水解、V－P 实验均为阳性，吲哚实验、纤维素水解、MR 实验、明胶液化皆为阴性。

菌株 JH 在 LB 平板，37 ℃培养 16 h 以上即形成圆形菌落，菌落边缘整齐，橘黄色;其菌体形态为球状,菌体细胞革兰氏染色呈阳性,好氧。生长温度最高50 ℃,NaCl 耐受性 0~7%;触酶、柠檬酸盐利用、MR 实验、V-P 实验、吲哚实验均为阳性,纤维素水解、明胶液化、淀粉水解、脲酶实验皆为阴性。

6. 解烃菌 16S rRNA 序列分析

16S rRNA 广泛存在于真核和原核生物,功能稳定,由高度保守区和可变区组成。16S rRNA 分子大小为 1 500 bp 左右,所代表的信息量既能反应生物界的进化关系,又较容易进行操作,可适用于各级分类单元,因此是目前进行系统分类和进化研究的最理想材料。

菌株 XB 和 JH 的 16S rRNA 扩增产物片断大小均约为 1.5 kb,经上海生工公司测序,分别得到 1 541 bp、1 552 bp 的 16S rRNA 序列。分别将两株菌的 16S rRNA 序列与 GenBank 数据库中序列进行比对,采用软件 Clustal 和 Mega 对被测菌及其亲缘关系相近菌株的 16S rRNA 序列进行分析构建系统进化树。

菌株 XB 的 16S rRNA 基因序列长度为 1 541 bp,序列分析表明该菌与 *Ralstonia* 属其他种的相似性为 96%~99%(图 9-4),与 *Ralstonia pickettii strain* TA 的相似性最高,同源性为 99%。

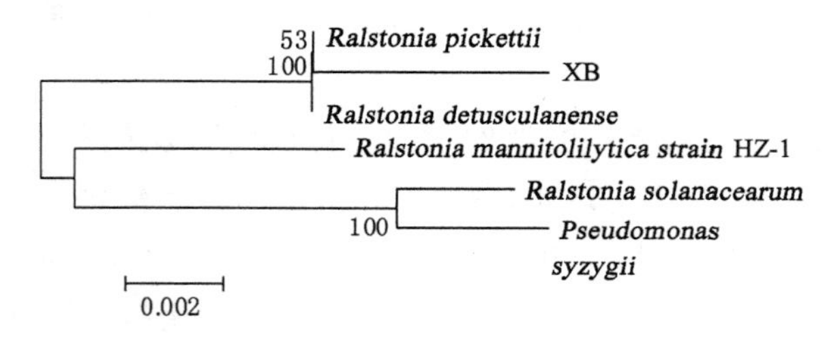

图 9-4 基于 16S rRNA 基因序列分析的菌株 XB 的进化树

菌株 JH 的 16S rRNA 基因序列长度为 1 552 bp,序列分析表明该菌与 *Rhodococcus* 属其他种的相似性为 98.2%~99%(图 9-5),其中与 *Rhodococcus aetherivorans* 的 16S rRNA 序列相似性为 99%。还需通过测定 GC 含量及 DNA 分子杂交的方法加以验证。

结合生理生化实验和 16S rRNA 基因序列序列分析,初步鉴定菌种 XB 属于 *Ralstonia* 属,命名为 *Ralstonia* sp. XB,菌种 JH 属于 *Rhodococcus* 属,命名为 *Rhodococcus* sp. JH。

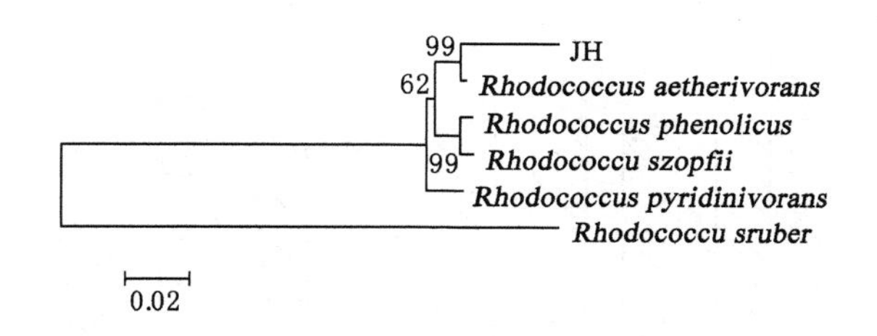

图 9-5　基于 16S rRNA 基因序列分析的菌株 JH 的进化树

第二节　黄河三角洲土壤微生物对石油的降解性质

一、菌株 JH 对烃类物质的降解特性及解烃试验

（一）菌株 JH 对原油的降解特性

将菌株在 LB 平板上进行活化，取单菌落接入 5 mL LB 液体培养基中过夜培养，以 1%接种量接种至 100 mL LB 液体培养基中，37 ℃振荡培养 5 h 至对数生长期，以 10% 接种量接种至装有 100 mL 含有不同烷烃或原油为碳源的无机盐培养基的锥形瓶中，37 ℃培养 3 d。用气相色谱法分析该菌株对不同碳数烷烃的降解率，用红外测油仪测定原油的降解率，用高压气相色谱法进行残留原油的气相色谱分析，结果如图 9-6 所示。该菌株对 C12 至 C32 烷烃降解率均在 65.6%以上，对原油的降解率可达 82.5%。

（二）菌株 JH 在不同盐度下对原油的降解情况

在以原油为碳源的无机盐培养基中，添加不同浓度的 NaCl，接入 *Rhodococcus* sp. JH 菌株，3 d 后用红外测油仪测定不同浓度下原油降解率，结果如图 9-7 所示。JH 菌株在 NaCl 浓度 0～12%的范围内对原油都有不同程度的降解，在 0～5%的范围内降解率基本都在 70%以上，最高 74.5%；随着盐浓度的升高降解率逐渐降低，NaCl 浓度为 12%时，原油降解率为 45.4%。实验结果表明，烃降解菌 JH 对 NaCl 有很好的耐受性。

（三）菌株 JH 产生生物乳化剂的条件

通过优化培养基组分和培养条件（通氧量、发酵周期等），等试验获得菌株 JH 产生生物乳化剂的最佳培养基为：Na_2HPO_4 1.5 g/L；KH_2PO_4 3.48 g/L；$MgSO_4$ 0.7 g/L；$(NH_4)_2SO_4$ 4 g/L；酵母粉 0.01 g/L；0# 柴油 2%(v/w)，蒸馏水 1 000 mL；pH 自然；121 ℃灭菌 30 min，最佳培养条件为：初始 pH 值为 7.2，

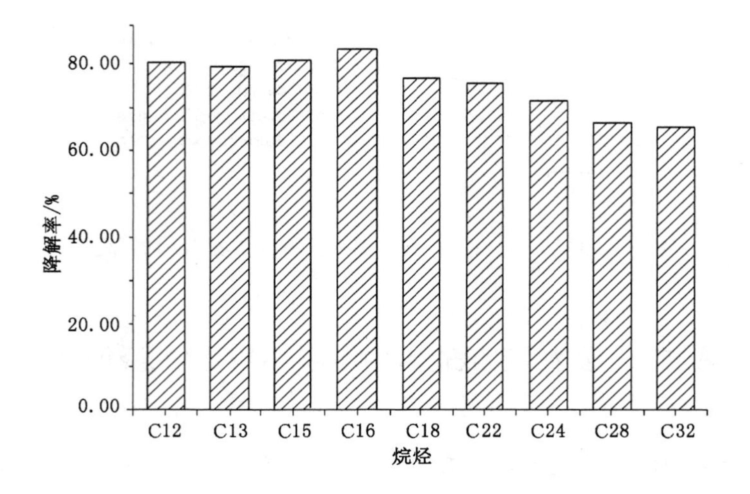

图 9-6 菌株 JH 对不同碳数烷烃的降解率

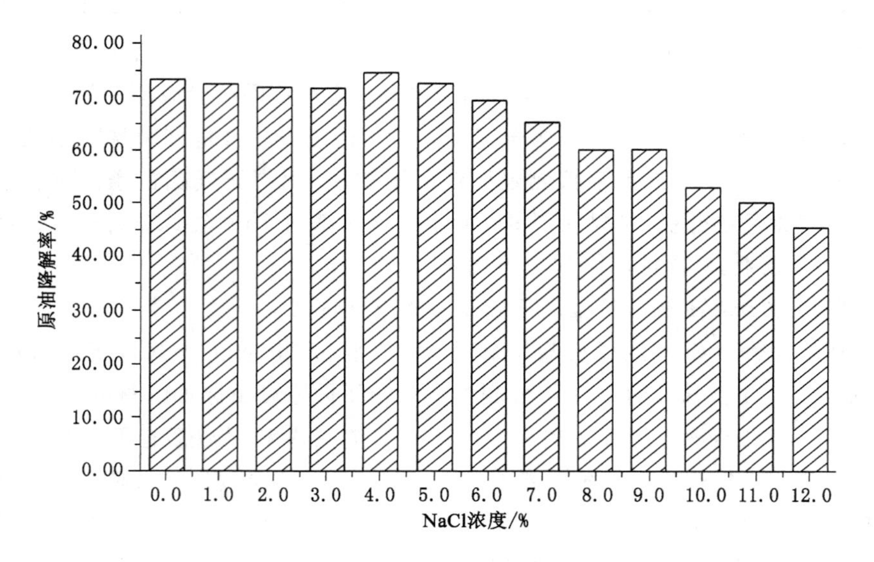

图 9-7 不同 NaCl 浓度下菌株 JH 对原油的降解率

37℃,130 r/min 培养 72 h。该培养条件下,加入的液蜡能够完全乳化,通过测量对柴油的乳化指数(EI-24)可达 100%,并可稳定 7 d 以上。该乳化剂对二甲苯、甲苯、煤油和原油等也都有很好的乳化作用,如表 9-7 所示。

表 9-7　菌株 JH 产生的生物乳化剂对不同测试烃的乳化指数(EI-24)

测试烃	二甲苯	甲苯	煤油	原油
EI-24	100%	98.6%	100%	90.2%

（四）菌株 JH 在不同盐浓度下产生物乳化剂情况

菌株 JH 在产生生物乳化剂的培养基中培养发酵，在培养基中添加不同浓度的 NaCl(0～12%)，37℃，130 r/min 培养 72 h。发酵结束后，用发酵液测定对柴油的乳化能力，结果如图 9-8 所示。在 NaCl 浓度为 0～5%的范围内，发酵液对柴油的乳化指数均大于 90%，随着盐浓度升高，乳化指数降低，在 NaCl 浓度为 10%时，乳化指数为 76%。实验结果表明，JH 菌株在不同 0～12%范围的盐浓度下可产生生物乳化剂，其发酵液对柴油有很好的乳化效果。

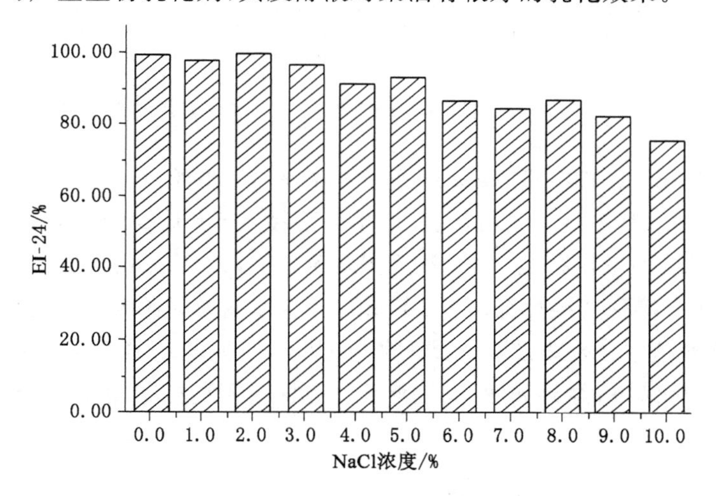

图 9-8　不同 NaCl 浓度下菌株 JH 发酵液对柴油乳化指数

二、菌株 XB 对多环芳烃的降解特性及解烃试验

（一）菌株 XB 在不同 NaCl 浓度下对多环芳烃(PHAs)的降解特性

取该菌株的新鲜斜面菌种，接种于装有 100 mL 含有萘、蒽、菲、芘各 50 mg/L 的无机盐的培养基的三角瓶中，培养基中分别添加 0～5%的 NaCl，30 ℃摇床培养(130 rpm)7 d，采用气相色谱法(GC 法)测定多环芳烃(PHAs)的降解率，结果如图 9-9 所示。菌株 XB 对萘的降解率最高可达到 92.1%，在 5%NaCl 存在时，降解率仍有 14.2%；对蒽的降解率可达 57.8%，在 5%NaCl 存在时，降

解率降至 9.1%；对菲的降解率可达 87.4%，随着 NaCl 浓度的升高，降解率无明显降低，NaCl 浓度 5%时，降解率为 38.8%；对芘的降解率最高为 17.3%。

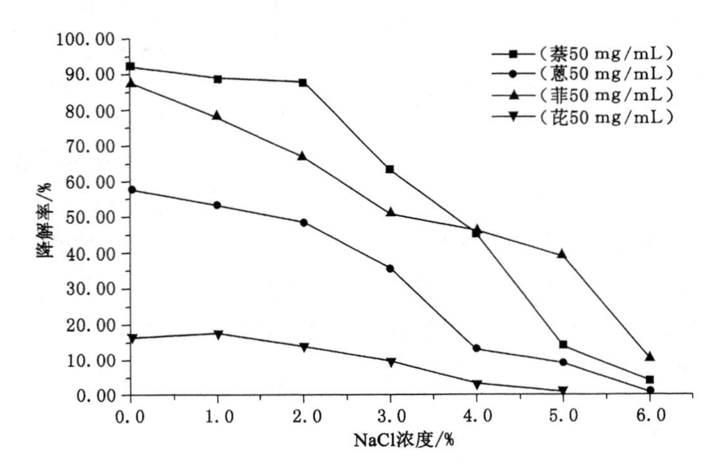

图 9-9　菌株 XB 在不同 NaCl 浓度下对多环芳烃的降解率

（二）菌株 XB 在不同 NaCl 浓度下对原油的降解特性

将菌株在 LB 平板上进行活化，取单菌落接入 5 mL LB 液体培养基中过夜培养，以 1%接种量接种至 100 LB 液体培养基中，30 ℃振荡培养 8 h 至对数生长期，以 10% 接种量接种至装有 100 mL 含有原油为碳源的无机盐培养基的三角瓶中，培养基中分别添加 0～5% 的 NaCl，30℃振荡培养 5 d，用红外测油仪测定原油的降解率，结果如图 9-10 所示。菌株对不同碳数直链烷烃的降解，采

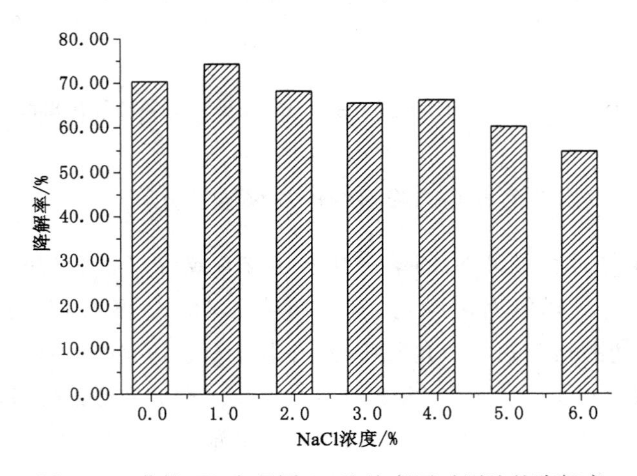

图 9-10　菌株 XB 在不同 NaCl 浓度下对原油的降解率

用气相色谱法(GC法)测量,结果如图9-11所示。该菌株在0～5% NaCl浓度范围内对原油的降解率都在60.0%以上,对C12到C32的烷烃降解率均在60.0%以上。

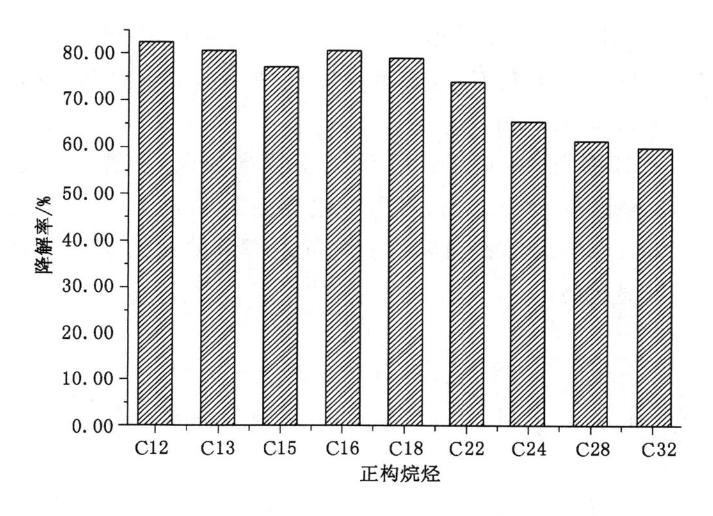

图9-11 菌株XB对不同碳数烷烃的降解率

第三节 黄河三角洲土壤微生物对石油污染土壤的修复作用

一、菌株JH在室内模拟不同生物乳化剂投放量对石油污染土壤的修复作用

供试土壤样品是未受石油污染的农田盐碱土,掺杂原油为胜利油田原油。供试土样去除石块、杂草,研磨后过2 mm筛,置入烧杯中,添加采自胜利油田的原油充分搅拌,于阴暗处晾干后进一步研磨过2 mm筛,使土壤和原油混合均匀,其中油含量约为2 g/kg。

将菌株JH在最适条件下发酵产生生物乳化剂,将发酵液以不同量投放到供试土壤中去,投加量分别为(单位:mL·kg^{-1}干土)100、150、200和250,其中,生物乳化剂含量分别为(单位:mL·kg^{-1}干土)12.6、18.9、25.2、31.5。设两组对照,第一组将斜面上生长的JH菌刮入无菌水中,制成菌悬液投放至测试土壤中;第二组以不加任何菌和发酵液的土壤为对照。所有土样均采用每天翻耕1次,每天加水20 mL以保持土壤水分。间隔一段时间采样,采用红外测油仪测定土壤中石油含量，即称取土样 5 g 置于 125 mL 磨口三角瓶中，再加入 20 mL CCl_4，振荡片刻，放置过夜，将上清液经无水硫酸钠过滤到 50 mL 容量瓶中，随后再加入 10 mL CCl_4 在 60 ℃水浴上加热 30 min，上清液经过漏斗（漏斗放入滤纸，上层添加 10 g 无水硫酸钠）过滤到容量瓶中，再用 10 mL CCl_4 清洗三角瓶和滤斗上的无水硫酸钠，最后将容量瓶用 CCl_4 定容至 50 mL，用红外仪测定石油烃含量，计算烃去除率。

结果如图 9-12 所示，降解 8d 后，测试土壤含油量，发现烃去除率分别为 12.3%、26.9%、41.8%和 56.8%，对照一组烃去除率为 4.5%，不加菌液的对照几乎没有降解。降解后期添加生物乳化剂发酵液的供试土壤及对照一组中烃降解率都有明显提高。

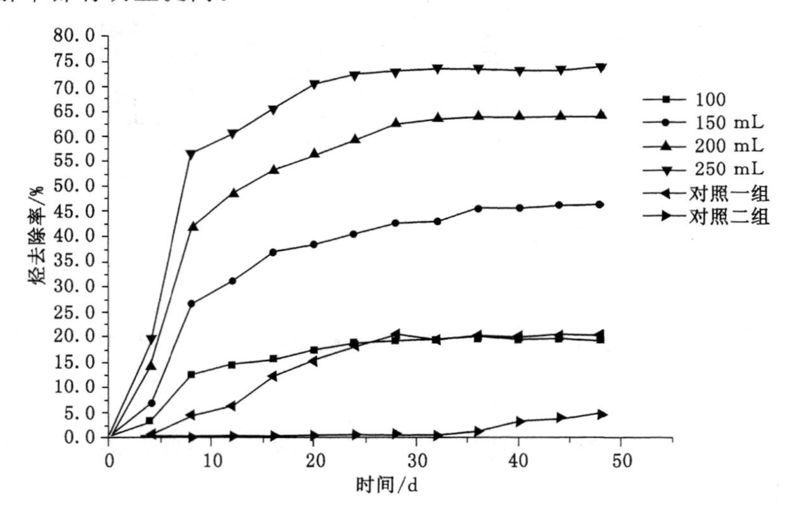

图 9-12　生物乳化剂发酵液不同投加量的条件下对土壤中石油烃去除率曲线

二、菌株 XB 在室内模拟高盐度下多环芳烃(PHAs)污染土壤的修复作用

供试土壤样品是未受石油污染的农田盐碱土，掺杂萘、蒽、菲、芘等多环芳烃。供试土样去除石块、杂草研磨后过 2 mm 筛，置入烧杯中向其中添加购自上海生工的萘、蒽、菲、芘充分搅拌，浓度分别为（单位：mg/kg 土样）萘 50、蒽 50、菲 50、芘 50。于阴暗处晾干后进一步研磨过 2 mm 筛，使土壤和 PHAs 混合均匀。采用超声提取法和 GC 法监测供试土壤中各种 PHAs 的含量。由于提取和测试误差的存在，实际测得供试土样中各种多环芳烃的量分别是（单位：

mg/kg 土样)萘 46.8、蒽 40.1、菲 43.5、芘 42.6。

将菌株 XB 在添加 2%液蜡的无机盐培养基中培养，菌浓达到 10^8 个/mL。称取 200 g 供试土壤装于 500 mL 烧杯中，烧杯中加入 200 mL 菌液，搅拌均匀，室温放置；设置对照组，对照组添加 200 mL 无菌的培养基。实验组和对照组都保持土壤水分含量为 25%～30%，每天翻耕 1 次，所有处理均设置 3 个重复。间隔一段时间采样。土壤中的 PAHs 采用超声法和 GC 法测定，计算不同时期土壤样品中 PAHs 总含量，进而计算出 PAHs 的降解率，结果如图 9-13 所示，

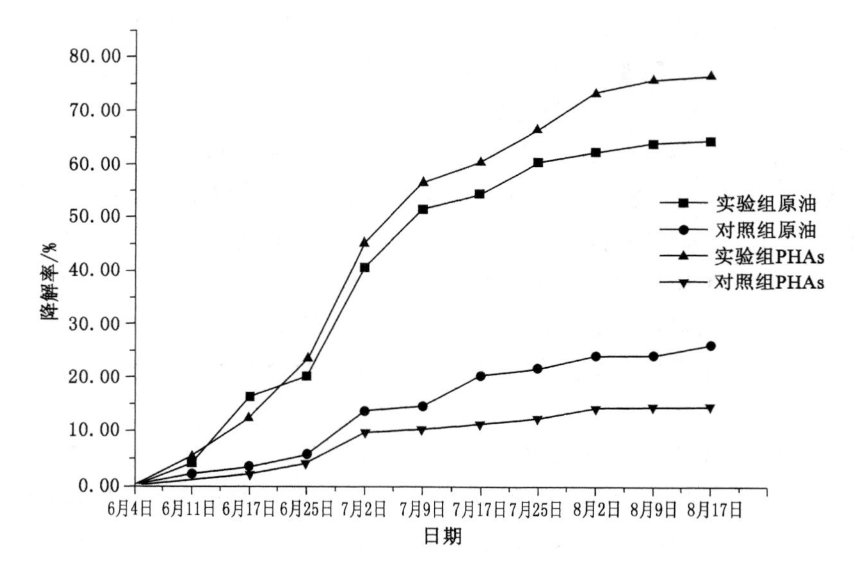

图 9-13　室内模拟菌株 XB 对土壤中 PAHs 的总降解率

在监测的 30d 内，土壤样品中 PAHs 的降解率达到了 77.9%，说明菌株 XB 可用于多环芳烃污染土壤的现场治理；对照组由于土样中少量本源菌的激活也使得 PAHs 的量减少，但是不明显。

三、小结

(1) 黄河三角洲表层土壤中可培养的细菌在可培养微生物中占绝对优势地位，约占可培养微生物总数的 90%，其次是放线菌，真菌数量最少。对微生物耐盐性调查中也发现，耐盐细菌数量最多，其次是耐盐放线菌和耐盐真菌。

(2) 黄河三角洲土壤不同深度中微生物数量和微生物活性，随着土壤深度的增加呈减少趋势，同时，可培养微生物多样性指数也随着土层深度的增加而

递减。

（3）采用微生物多样性分析的传统方法，包括平板培养法、电镜方法和染色法等，对取自黄河三角洲石油污染的9个盐碱土壤样品中的微生物群落进行了初步分析。实验结果表明，该地区石油污染的盐碱土中有丰富的细菌、真菌和放线菌资源，通过进一步的生理生化实验分析，大部分微生物表现出较强的耐盐性，该实验研究丰富了耐盐微生物资源，并为进一步分离耐盐解烃微生物提供了基础。

（4）采用富集培养从黄河三角洲石油污染的土壤中分离并纯化了4株可以利用石油烃类的细菌，通过形态观察、菌株的生理生化性质分析及16S rRNA序列分析对菌种进行了多相分类鉴定。

（5）菌株JH在0～12% NaCl范围内，以烃为碳源和能源生长，能够利用12碳至32碳的正构烷烃，对原油的降解率可达82.5%以上。菌株JH以烃为碳源在0～12% NaCl范围内进行培养时，可产生一种生物乳化剂；该乳化剂对0# 柴油、苯、二甲苯、煤油、原油等具有很好的乳化效果，能够提高烷烃和原油在水中的溶解度，明显促进活性菌株对烷烃和原油的降解。菌株JH及其产生的生物乳化剂适用于提高烃摄取效率，可在微生物修复石油污染土壤技术中应用。

（6）菌株XB能够在高盐环境中降解多环芳烃。该菌株能够在0～5% NaCl，pH6～9最适盐度和pH范围内以多环芳烃为碳源和能源生长，可降解蒽、菲、芘等多环芳烃；菌株XB能够利用12烷至32烷的正构烷烃，对原油的降解率可达60.0%以上。菌株XB可用于治理石油和多环芳烃污染的盐碱土壤。

第十章　黄河三角洲土壤石油污染生态修复示范

一、JH菌株对1#试验田石油污染土壤的实地修复

（一）试验材料

以前期筛选得到的JH为试验菌株，经过发酵处理后得到高浓度发酵液，用于土壤石油污染的实地修复。

（二）试验样田

试验样地选在滨州市滨城区东石村辖地某油井附近，在同一地段设对照样田（土壤状况相同）。根据实地具体情况，样地大小为100 m^2。

（三）试验方法

因考虑到实地修复与室内试验条件相差较大，因此在现场试验过程中对场地进行了平整与翻耕处理，并配制添加营养液与化学肥料。具体如下：

(1) 将待修复场地平整好，将添加剂按每亩麦麸300 kg，合0.45 kg/m^2，均匀撒入整个修复区，经多次翻耕使加入的添加剂均匀混入修复层中；

(2) 将菌株JH在产生物乳化剂的最适培养基和发酵条件下培养发酵，用喷雾器将发酵液（200 L）喷洒到石油污染的1#试验田中（均匀施入）；

(3) 配制营养液，营养液的主要成分：蛋白胨、酵母粉，以及$MgSO_4$、NH_4NO_3、$CaCl_2$、$FeCl_3$、KH_2PO_4等无机盐成分，营养液以相同量均匀喷入；

(4) 整个修复区均匀撒入化肥尿素30 kg/666.7 m^2和磷酸氢二钾20 kg/666.7 m^2；

(5) 再次用耕作机械多次翻耕使加入的麦麸、菌液、营养液、化肥等均匀混入修复层中。

修复区土壤含水量保持自然。在一定时间间隔取样，取样方法是在修复区以梅花状取5个不同点的同一深度土样（0～10 cm），而后充分混合后4分法取样测试。

现场修复试验时间为6～8月份（试验周期为6月4日至8月17日，共74 d；此期间试验场平均温度约28 ℃，雨水充足）。试验过程中间隔一段时间（一

般为 7 d)采样一次,测定土壤中石油含量,计算烃去除率。

(四)试验结果

1. 菌株 JH 现场修复情况

如表 10-1 所示,菌株 JH 在现场实验过程中,随处理时间的延长,对土壤中石油烃的降解作用不断增强;与对照组相比,处理组土壤石油烃无论降解幅度还是降解速率都要高出很多,而至现场试验结束(第 74 d),处理组土壤中石油烃含量仅为对照组土壤中石油烃含量的 32.50%。

表 10-1　　菌株 JH 对土壤中石油烃的降解速率

处理时间/d		0	7	14	21	28	35	42	49	56	63	70	74
烃含量(g/kg)	处理	22.42	20.51	17.64	12.82	11.73	10.74	9.25	8.67	8.16	7.73	7.20	6.32
	对照	22.16	21.87	21.47	21.34	20.74	20.41	19.88	19.83	19.72	19.61	19.55	19.46

1.4.2　菌株 JH 菌对 1# 试验田生物修复效果

试验结果如图 10-2 所示。经过 74 d 的实地修复试验,发现 1# 试验田中烃去除率达 71.8%,石油污染得到了有效的修复。与处理组相比较,在不添加任何菌剂的对照田中,虽然由于土著微生物的降解作用,其石油污染物也有一定的减少(最高为 12.2%),但远远低于处理组。

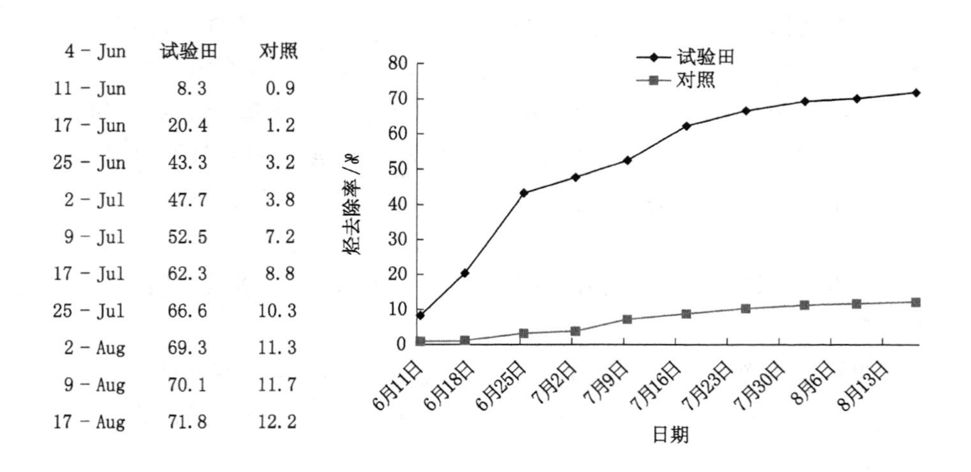

4 - Jun	试验田	对照
11 - Jun	8.3	0.9
17 - Jun	20.4	1.2
25 - Jun	43.3	3.2
2 - Jul	47.7	3.8
9 - Jul	52.5	7.2
17 - Jul	62.3	8.8
25 - Jul	66.6	10.3
2 - Aug	69.3	11.3
9 - Aug	70.1	11.7
17 - Aug	71.8	12.2

图 10-2　菌株 JH 菌对 1# 试验田生物修复效果

二、菌株 XB 对 2# 试验田石油污染土壤的生物修复能力

(一) 试验材料

以前期筛选得到的 XB 为试验菌株，经过发酵处理后得到高浓度发酵液，用于土壤石油污染的现场修复。

(二) 试验样田

试验样地选在滨州市城区东北部某油井附近(修复试验所在地点同 JH)，在同一地段设对照样田(土壤状况相同)。根据实地具体情况，样地大小为 100 m^2。

(三) 试验方法

将 XB 菌株在添加 2%液蜡的无机盐培养基中培养，菌浓度达到 10^8 个/mL。将发酵液(200 L)喷洒到石油污染的 2＃试验田中，具体喷施方法同 JH 施入过程。

修复时间为 6 月上旬至 8 月中旬(修复场地平均气温约 28 ℃，雨水充足)。设置对照田，即喷洒菌液。试验中，试验田和对照田土壤翻耕数次，间隔一段时间采样(一般为 7 d)，采用 GC 法测定土壤中原油含量，气质联用(GC-MS)法分析多环芳烃(PHAs)含量。

(四) 试验结果

利用 XB 菌株发酵液处理石油污染的盐碱地 60 d 后原油去除率为 60.6%，芳香烃总降解率达到 67.8%，多环芳烃污染得到了有效的修复。

三、小结

从石油污染土壤的现场修复试验结果来看(与对照相比)，选用两菌株制成的修复菌剂对土壤石油烃有较强的降解能力。

菌株 JH 能够以烃为碳源和能源生长，能够利用 12 烷至 32 烷的正构烷烃，对原油的降解率可达 82.5%以上，并可在修复过程中产生生物乳化剂，明显促进菌株对烷烃和原油的降解。

菌株 XB 能够在盐渍化的石油污染土壤条件下，以烃或多环芳烃为碳源和能源生长，并能够利用 12 烷至 32 烷的正构烷烃，最终对原油的降解率达到了 60.0%左右，取得了良好的实地修复效果。

可见，菌株 JH 和 XB 不仅可用于黄河三角洲盐碱土壤的石油污染修复治理，且具有很好的应用前景。

参考文献

[1] Al-MAILEM D M,SORKHOH N A,MARAFIE M,et al. Oil phytoremediation potential of hypersaline coasts of the Arabian Gulf using rhizosphere technology[J]. Bioresource Technology,2010,101(15):5786-5792.

[2] BATISTA S B,MOUNTEER A H,AMORIM F R,et al. Isolation and characterization of biosurfactant/bioemulsifier- producing bacteria from petroleum contaminated sites. [J]. Bioresource Technology,2006,97(6):868-875.

[3] BETTAHAR M,SCHAFER G,BAVIERE M. An optimized surfactant formulation for the remediation of duel oil polluted sandy aquifers[J]. Environment Science & Technology,1999,33(8):1269-1273.

[4] BETANCUR-GALVIS LA,ALVAREZ-BERNAL D,RAMOS-VALDIVIA AC,et al. Bioremediation of polycyclic aromatic hydrocarbon-contaminated saline-alkaline soils of the former Lake Texcoco[J]. Chemosphere,2006,62:1749-1760.

[5] BOGAN B W,TRBOVIC V,PATEREK J R. Inclusion of vegetable oils in Fenton's chemistry for remediation of PAH-contaminated soils[J]. Chemosphere,2003,50(1):15-21.

[6] CARRIGAN C R,NITAO J J. Predictive and diagnostic simulation of In-situ electrical heating in contaminated,low-permeablity soils[J]. Environmental Science Technology,2000,34(22):4835-4841.

[7] CHANG W,AKBARI A,DAVID CA,et al. Selective biostimulation of cold- and salt-tolerant hydrocarbon-degrading Dietzia maris in petroleum-contaminated sub-Arctic soils with high salinity[J]. Journal of Chemical Technology and Biotechnology,2018,93(1):294-304.

[8] CHEN WW,Li JD,SUN XN,et al. High efficiency degradation of alkanes and crude oil by a salt-tolerant bacterium Dietzia,species CN-3[J]. International Biodeterioration and Biodegradation,2017,118:110-118.

[9] CHIEN Y C. Field study of in situ remediation of petroleum hydrocarbon contaminated soil on site using microwave energy[J]. Journal of Hazardous Materials,2012,199-200(2):457-461.

[10] COLIN VL,BAIGORÍ MD,PERA LM,et al. Bioemulsifier production by Aspergillus niger MYA 135:presumptive role of iron and phosphate on emulsifying ability [J]. World Journal of Microbiology Biotechnology, 2010,26(12):2291-2295.

[11] DASTGHEIB MM, AMOOZEGAR MA, ELAHI E, et al. Bioemulsifier production by a halothermophilic Bacillus strain with potential applications in microbially enhanced oil recovery [J]. Biotechnology Letter, 2008,30:263-270.

[12] FANG C, RADOSEVIAL M, ADOSEVIAL M, et al. Atrazine and phenanthrene degradation in grass rhizosphere soil[J]. Soil Biology Biochemistry,2001,33:671-678.

[13] FERNÁNDEZ-LUQUEÑO F, MARSCH R, ESPINOSA-VICTORIA D, et al. Remediation of PAHs in a saline-alkaline soil amended with wastewater sludge and the effect on dynamics of C and N[J]. Science of the Total Environment,2008 ,402 (1) :18-28.

[14] FISCHER S, LERMAN L. Sequence-determined DNA separations[J]. Annual Review of Biophysics and Bioengineering,1984,13:399-423.

[15] GASKIN JL,FLETCHER J. The metabolism of exogenously provided atrazine by the ectomycorrhizal fungus Hebeloma crustulini forme and the host plant Pinus pondersa[A]. In: Phytoremediation of Soil and Water Contamination[M]. Washington DC: American Chemical Society, 1997: 152-161.

[16] GHOJAVAND H, VAHABZADEH F, AZIZMOHSENI F. A halotolerant,thermotolerant,and facultative biosurfactant producer: Identification and molecular characterization of a bacterium and evolution of emulsifier stability of a lipopeptide biosurfactant [J]. Biotechnology and Bioprocess Engineering,2011,1(6):72-80.

[17] HAFERBURg D, HOMMD R,Claus R,et al. Extracellular microbial lipids as biosurfactants [J]. Advances in Biochemical Engineering/Biotechnology,1986,33:53-93.

[18] HEAD IM, JONES DM, ROLING WF. Marine microorganisms make a

meal of oil[J]. Nature Reviews Microbiology,2006,14:173-182.

[19] ILORI M O,AMOBI C J,ODOCHA A C. Factors affecting biosurfactant production by oil degrading Aeromonas spp. isolated from a tropical environment[J]. Chemosphere,2005,61(7):985-992.

[20] JIN C E,KIM M N. Change of bacterial community in oil-polluted soil after enrichment cultivation with low- molecular-weight polyethylene[J]. International Biodeterioration and Biodegradation,2017,118:27-33.

[21] JONES D A,LELYVELD T P,MAVROFIDIS SD,et al. Microwave heating application in environmental engineering-a review[J]. Resources, Conservation and Recycles,2002,34(2):75-90.

[22] KATO T,HARUKI M,IAMANAKA T. Isolation and characterization of long-chain n- alkane degrading Bacillus thermoleovorans from deep subterranean petroleum reservoirs[J]. Bioscience Bioengineering,2001,91:64-70

[23] KAWALA Z,ATAMANCZUK T. Microwave-enhanced thermal decontamination of soil[J]. Environ Sci Technol,1998,32(17):2602-2607.

[24] KEIJI SUGIURA,ISHIHARA M,TOSHITSUGU SHIMAUCHI A,et al. Physicochemical Properties and Biodegradability of Crude Oil[J]. Environmental Science and Technology,1997,31(1):45-51.

[25] Li DW,ZHANG YB,QUAN X,et al. Microwave thermal remediation of soil contaminated with crude oil enhanced by granular activated carbon [J]. Environmental Science,2009,30 (2) :557-562.

[26] LI XF,ZHAO L,ADAM M. Biodegradation of marine crude oil pollution using a salt-tolerant bacterial consortium isolated from Bohai Bay,China [J]. Marine Pollution Bulletin,2016,105(1):43-50.

[27] LU M,ZHANG Z,QIAO W,et al. Removal of residual contaminants in petroleum-contaminated soil by Fenton-like oxidation. [J]. Journal of Hazardous Materials,2010,179(1):604-611.

[28] MULLIGAN C N,YONG R N,GIBBS BF. Surfactant-enhanced remediation of contaminated soils:a review[J]. Engineering Geology,2001,60:371-380.

[29] MUYZER G,WAAL EC,UITTERLINDEN AG. Profiling of complex microbial populations by denaturing gradient gel electrophoresis analysis of polymerase chain reaction amplified genes coding for 16S rRNA [J].

Appllied Environmental Microbial,1993,59:695-700.

[30] NICHOLSON C A, FATHEPURE B Z. Biodegradation of Benzene by Halophilic and Halotolerant Bacteria under Aerobic Conditions[J]. Applied and Environmental Microbiology,2004,70(2):1222-1225.

[31] NIE M,ZHANG X D,WANG J Q,et al. Rhizosphere effects on soil bacterial abundance and diversity in the Yellow River Deltaic ecosystem as influenced by petroleum contamination and soil salinization[J]. Soil Biology and Biochemistry,2009,41(12):2535-2542.

[32] PAISSE S,DURAN R,COULON F,Goñi-Urriza M. Are alkane hydroxylase genes (alkB) relevant to assess petroleum bioremediation processes in chronically polluted coastal sediments[J]. Microbiology Biotechnology,2011,92(4):835-844.

[33] PLOTNIKOVA E G, ALTYNTSEVA O V, KOSHELEVA I A, et al. Bacterial Degraders of Polycyclic Aromatic Hydrocarbons Isolated from Salt-Contaminated Soils and Bottom Sediments in Salt Mining Areas[J]. Microbiology,2001,70(1):51-58.

[34] SAADOUN I, ALAWAWDEH M . Growth of Streptomyces spp. from hydrocarbon-polluted soil on diesel and their analysis for the presence of alkane hydroxylase gene (alkB) by PCR[J]. World J Microbiology Biotechnology,2008,24(10):2191-2198.

[35] SAEKI H,SASAKI M,KOMATSU K,et al. Oil spill remediation by using the remediation agent JE1058BS that contains a biosurfactant produced by Gordonia sp. strain JE-1058[J]. Bioresource Technology,2009,100(2):572-577.

[36] SATHISHKUMAR M,BINUPRIYA A,SANGHO B,et al. Biodegradation of crude oil by individual bacterial strains and a mixed bacterial consortium isolated from hydrocarbon contaminated areas [J]. Clean-soil, air,water,2008,36 (1) :92-96.

[37] SEMPLE K T,Reid B J,FERMOR T R. Impact of composting strategy on the treatment of soils contaminated with organic pollutants[J]. Environmental Pollution,2001,112(2):269-283.

[38] SHETAIA Y M H,KHALIK W A A E,MOHAMED T M,et al. Potential biodegradation of crude petroleum oil by newly isolated halotolerant microbial strains from polluted Red Sea area[J]. Marine Pollution Bulle-

tin,2016,111(1-2):435-442.

[39] STEWART L,GRAY CCN,KOSARIC N,et al. Bacteria-induced de-emulsification of water-in-oil petroleum emulsions [J]. Biotechnology letters,1983,5(11):725-730.

[40] TAO KY,LIU XY,CHEN XP,et al. Biodegradation of crude oil by a defined co-culture of indigenous bacterial consortium and exogenous Bacillus subtilis[J]. Bioresource Technology,2016,224:327-332.

[41] WANG W,WANG L,SHAO Z. Diversity and Abundance of Oil-Degrading Bacteria and Alkane Hydroxylase (alkB) Genes in the Subtropical Seawater of Xiamen Island[J]. Environment Microbiology, 2010, 60: 429-439.

[42] WANG YG,DENG CY,LIU Y,et al. Identifying change in spatial accumulation of soil salinity in an inland river watershed,China[J]. Science of the Total Environment,2018,621(15):177-185.

[43] WENG Y L,GONG P,ZHU Z L. A Spectral index for estimating soil salinity in the Yellow River Delta Region of China using EO-1 hyperion data[J]. Pedosphere,2010,20(3):378-388.

[44] XU K,TANG Y,REN C. Diversity and abundance of n-alkane degrading bacteria in the near surface soils of a Chinese onshore oil and gas field [J]. Biogeosciences Discuss,2012,9:14867-14888.

[45] XUE J,YU Y,BAI Y,et al. Marine Oil-Degrading Microorganisms and Biodegradation Process of Petroleum Hydrocarbon in Marine Environments:A Review[J]. Current Microbiology,2015,71(2):220.

[46] YU SL,LI SG,TANG Y Q,et al. Succession of bacterial community along with the removal of heavy crude oil pollutants by multiple biostimulation treatments in theYellow River Delta,China[J]. Journal of Environmental Sciences,2011,23(9):1533-1543

[47] ZHOU J F,GAO P K,DAI X H,et al. Heavy hydrocarbon degradation of crude oil by a novel thermophilic Geobacillus stearothermophilus,strain A-2[J],International Biodeterioration and Biodegradation,2018,126,224-230 .

[48] 包木太,田艳敏,陈庆国.海藻酸钠包埋固定化微生物处理含油废水研究[J].环境科学与技术,2012,35(2):167-172.

[49] 陈怀满.土壤中化学物质的行为与环境质量[M].北京:科学出版社,2002.

[50] 陈立，万力，张发旺，等. 土著微生物原位修复石油污染土壤试验研究[J]. 生态环境学报，2010，19(7)：1686-1690

[51] 陈硕，李辉，杨世忠，等. PCR-DGGE 用于检测油田产出液中烃降解菌的多样性[J]. 微生物学杂志，2010，3(30)：1-6.

[52] 陈晓东，常文越，邵春岩. 土壤污染生物修复技术研究进展[J]. 环境保护科学，2001，21：23-25.

[53] 程国玲，李培军. 石油污染土壤的植物与微生物修复技术[J]. 环境工程学报，2007，1(6)：91-96.

[54] 崔凯杰，侯瑞，袁大祥，等. 基于 PCR-DGGE 技术的渤海湾滩涂原油降解菌群分析[J]. 天津理工大学学报，2017，33(3)：55-60.

[55] 单海霞，刘晓宇，张颖，等. 硅藻土/活性炭对降解菌群的固定化研究[J]. 油气田环境保护. 2013，24(4) ：19-21.

[56] 东秀珠，蔡妙英. 常见细菌系统鉴定手册[M]. 北京：科学出版社，2001.

[57] 东营市环境保护局. 东营市 2016 年环境统计综合年报. 2017.

[58] 范瑞娟，郭书海，李凤梅. 石油降解菌群的构建及其对混合烃的降解特性[J]. 农业环境科学学报，2017，36(3)：522-530.

[59] 宫曼丽，任南琪，邢德峰. DGGE/TGGE 技术及其在微生物分子生态学中的应用[J]. 微生物学报，2004，44(6)：845-848.

[60] 关晓燕，董颖，王摆，等. 1 株海洋石油降解菌的筛选鉴定及其固定化研究[J]. 辽宁师范大学学报. 2013，36(3) ：400-405.

[61] 郭若勤，杨玉楠，丁秀玲，等. 嗜盐菌强化石油污染土壤生物修复过程的初步研究[J]. 现代农业科学，2009，16(11)：71-74.

[62] 国家环境保护总局. 中华人民共和国环境保护行业标准(HJ/T 166-2004)：土壤环境监测技术规范[S]. 北京：中国环境出版社，2004.

[63] 韩慧龙，陈镇，杨健民，等. 真菌—细菌协同修复石油污染土壤的场地试验[J]. 环境科学，2008，29(2)：454-460.

[64] 胡文稳，王震宇，刘居东，等. 黄河三角洲原油污染土壤的微生物固定化修复技术[J]. 环境科学与技术，2011，34(3)：116-120.

[65] 赖其良，袁军，邵宗泽. 一株印度洋深海食烷茵 Alcanivorax sp. P40 的烷烃羟化酶基因的克隆[J]. 台湾海峡，2008，27(2)：141-149.

[66] 李春荣，王文科，曹玉清，等. 石油污染土壤的生态效应及修复技术研究[J]. 环境科学与技术，2007，30(9)：4-6.

[67] 李丹，王秋玉. 变性梯度凝胶电泳及其在土壤微生物生态学中的应用[J]. 中国农学通报，2011，27(03)：6-9.

[68] 李丹，黄磊，李国强，等. 烃降解菌株 T7-2 产生的生物乳化剂及其理化性质研究[J]. 微生物学通报，2008，35(5)：73-89.

[69] 李蕊，谢文军，陆兆华，等. 盐渍化土壤石油污染修复技术[J]. 环境科学与技术，2015(5)：69-73.

[70] 李习武，刘志培，刘双江. 生物乳化剂产生菌及其产乳化剂条件初步研究[J]. 微生物学通报，2003，30(6)：278-290.

[71] 李习武，刘志培. 石油烃类的微生物降解[J]. 微生物学报，2002，42(6)：764-767.

[72] 李晓晶，赵倩，张月勇，等. 微生物燃料电池修复石油污染盐碱土壤[J]. 环境工程学报，2017，11(2)：1185-1191.

[73] 李永霞，黄莹，徐民民，等. 石油污染盐碱化土壤修复技术的研究进展[J]. 地球与环境，2013，41(5)：583-588.

[74] 刘其友，赵朝成，申宪伟，等. 微生物强化修复盐渍化石油污染土壤研究[J]. 油气田环境保护，2011，21(2)：8-10.

[75] 刘宗斌. 黄河三角洲地区农业环境现状与污染防治措施[J]. 环境科学与管理，2007，32(2)：149-150.

[76] 刘庆生，刘高焕，励惠国. 胜坨、孤东油田土壤石油类物质含量及其变化[J]. 土壤通报，2003，34(6)：592-593

[77] 刘五星，骆永明，滕应，等. 石油污染土壤的生态风险评价和生物修复[J]. 土壤学报，2008，45(5)：994-999.

[78] 刘五星，骆永明，滕应，等. 我国部分油田土壤及油泥的石油污染初步研究[J]. 土壤，2007，39(2)：247-251.

[79] 刘五星，骆永明，王殿玺. 石油污染场地土壤修复技术及工程化应用[J]. 环境监测管理与技术，2011，23(3)：47-51.

[80] 卢桂兰，王世杰，郭观林，等. 草炭强化对油田陈化油泥生物修复工程效果的影响 [J]. 环境工程技术学报，2011，1(5)：389-395.

[81] 马悦欣，Holmstrm C，WebbJ. 变性梯度凝胶电泳(DGGE)在微生物生态学中的应用[J]. 生态学报，2003，23(8)：1561-1569.

[82] 满鹏，齐鸿雁，呼庆，等. 利用 PCR-DGGE 分析未开发油气田地表微生物群落结构[J]. 环境科学，2012，33(1)：306-313.

[83] 牛明芬，郭书海，李风梅，等. 稠油污染土壤的生物修复应用研究[J]. 沈阳建筑大学学报，2006，22(6)：968-971.

[84] 齐建超，张承东，乔俊，等. 生物与有机肥混合剂修复石油污染土壤的研究[J]. 农业环境科学学报，2010，29(1)：66-72.

[85] 任红燕,宋志勇,李霏霁,等. 胜利油藏不同时间细菌群落结构的比较[J]. 微生物学通报,2011,38(4):561-568.

[86] 宋立超. 盐土多环芳烃降解菌筛选分离及其污染修复应用基础研究[D]. 沈阳:沈阳农业大学,2011.

[87] 孙敏,沈先荣,侯登勇等. 高效柴油降解菌 Acinetobacter sp. W3 分离鉴定及降解酶基因扩增分析[J]. 生物技术通报,2012,6:159-167.

[88] 孙铁珩,周启星,李培军. 污染生态学[M],北京:科学出版社,2004.

[89] 汤瑶,王晓丽,雷霆,等. 渤海湾滩涂高效石油降解菌筛选及其降解性能研究[J]. 天津理工大学学报,2016,32(1):49-52.

[90] 王大威,张健,马挺,等. 用 PCR-DGGE 方法分析渤海原油降解过程微生物群落结构变化[J]. 生态科学,2016(1):124-129.

[91] 王新新,白志辉,金德才,等. 石油污染盐碱土壤翅碱蓬根围的细菌多样性及耐盐石油烃降解菌筛选[J]. 微生物学通报,2011,38(12):1768-1777.

[92] 王新新,白志辉,金德才,等. 石油污染盐碱土壤的淋洗施肥修复[J]. 农业环境科学学报,2012,31(2):331-337.

[93] 王玉建,李红玉. 固定化微生物在废水处理中的研究及进展[J]. 生物技术,2006,16(1):94-96.

[94] 王震宇,赵建,李锋民,等. 盐渍化土壤中土著菌的石油烃降解潜力研究[J]. 农业环境科学学报,2009,28(7):1416-1421.

[95] 吴涛,许杰,谢文军,等. 耐盐植物虎尾草内生解烃细菌的筛选及其降解特性[J]. 农业环境科学学报,2017(11):2267-2274

[96] 吴小华,张士权,龙风乐,等. 石油开采中总烃对大气环境影响研究[J],油气田环境保护,1996,6(4):33.

[97] 胥九兵,迟建国,邱维忠,等. 微生物菌剂对石油污染土壤的修复研究[J]. 环境工程学报,2011,5(6):1414-1418.

[98] 徐金兰,黄廷林,唐智新,等. 高效石油降解菌的筛选及石油污染土壤生物修复特性的研究[J]. 环境科学学报,2007,27(4):622-628.

[99] 徐静. 论黄河三角洲开发的瓶颈因素与对策[J]. 中国石油大学学报(社会科学版),2007,23(3):37-39.

[100] 徐爽,黄志勇,路福平,等. 高温产生物乳化剂菌的筛选及其功能分析[J]. 科技导报,2011:29(15):250-262.

[101] 许德刚,李巨峰,张坤峰,等. 石油污染土壤修复技术研究进展[J]. 安全、健康和环境,2014,14(3):29-32.

[102] 薛峰,刘瑾. 喜热嗜油芽孢杆菌产生的生物乳化剂的组成及性质[J]. 微生

物学杂志,2009,29(1):50-54.

[103] 姚荣江,杨劲松.黄河三角洲地区土壤盐渍化特征及其剖面类型分析[J].干旱区资源与环境,2007,21(11):106-112.

[104] 詹亚斌,张桥,陈凯伦,等.石油降解菌群的筛选、构建及其降解特性研究[J].环境污染与防治,2017,39(8):860-864.

[105] 张杰,陈立新,寇士伟,等.大庆地区不同利用方式土壤盐碱化特征分析及评价[J].水土保持学报,2011,25(1):171-179.

[106] 张京磊,慈华聪,何兴东,等.盐渍化胁迫下油葵对土壤原油污染的适应性及其改良措施[J].应用生态学报,2015,26(11):3503-3508.

[107] 张松林,董庆士,周喜滨,等.人为石油污染土壤紫花苜蓿田间修复试验[J].兰州大学学报,2008,44(1):47-50.

[108] 张新,高燕宁.引物设计及软件使用技巧[J].生物信息学,2004,(2):15-23.

[109] 张秀霞,耿春香,房苗苗,等.固定化微生物应用于生物修复石油污染土壤[J].石油学报(石油加工),2008,24(4):409-414.

[110] 张秀霞,秦丽姣,吴伟林,等.固定化原油降解菌的制备及其性能研究[J].环境工程学报,2010,4(3)-659-664.

[111] 赵百锁,王慧,毛心慰.嗜盐微生物在环境修复中的研究进展[J].微生物学通报,2007,34(6):1209-1212.